シリーズ21世紀の農学

# 遺伝子組換え作物の研究

日本農学会編

養賢堂

# 目　次

# はじめに
# （シンポジウム開催にあたって）

熊澤　喜久雄
日本農学会会長

本書は平成 17 年 10 月 15 日に開催された日本農学会シンポジウム「遺伝子組換え作物研究の現状と課題」の内容をまとめたものである．

日本農学会は農学およびその技術の進歩発達に貢献することを目的とした農学に関する専門学会の連合協力体として昭和 4 年に設立された．

農学は農に関する学問・技術の総体である．農は人間の営みであり，生活であり，産業であり，文化であるが，それは自然環境との共生のもとに進化発展してきた．

人類最初の産業としての農業は次第に発展し，都市文化を築き文明開化へと導いた．農学は農業すなわち農・林・水産業の発展に伴って深化・拡大し，農業のさらなる発展に貢献してきた．

農業は自然資源すなわちエネルギー資源としての太陽エネルギー，無機質資源としての大気・水・土壌，生物資源としての植物・動物・微生物を利用して営まれ，人間活動の発展とともに進歩し拡大してきた．

とくに食料生産の主要な担い手である作物生産と家畜飼養は品種改良および栽培・飼養に伴う諸条件の改善を車の両輪として，自然環境と調和しながら発展してきた．

作物・家畜の改良を対象とした育種学，およびその基礎としての遺伝学は 20 世紀において著しい発展をみせ，生物の進化と遺伝の機構が遺伝子あるいはゲノム研究として解明され，さらにその応用技術としての遺伝子組換えによる作物・家畜の合目的的な改良が図られ実現するに至った．

しかし，遺伝子組換え作物研究については，社会的に十分に理解されていないだけではなく，農学分野の研究者間でも正確な情報を共有できていない状況にある.

日本農学会は，ゲノム研究の成果を農業に反映させる技術の一つでもある遺伝子組換え作物の作出に関する研究の現状と課題について，さまざまな立場や考えの研究者による講演と今後の農学の担い手である若手研究者と講演者との討論を通じて，多様な分野の研究者が情報を共有し，その上にたっての議論と研究を進展させる機会を提供することを目的として今回のシンポジウムを企画した.

本書の出版によってシンポジウムの成果をより多くの方々に知っていただければ幸である.

# 第１編
# 遺伝子組換え研究の社会への貢献

遺伝子組換え作物の研究はなぜ必要だといわれるのだろうか.「世界的な人口増加」や「食と健康」という問題に対して「安全な食糧を安定的に供給するための技術を提供する」という農学に課せられた社会的使命という視点から考えてみよう.

# 第1章 遺伝子組換え技術が作物の品種改良に及ぼす影響

喜多村 啓介
北海道大学大学院農学研究科

## 1. はじめに

植物の栽培化は，メンデルの法則が発見されるはるか以前に古代の人類が数千年かけて近縁の野生種から「無意識の育種」によって達成したものである．栽培化による食料生産は人口増加と社会・経済・政治的な活動を可能にした．主要な穀類の起源地では必ず古代文明が栄えた．コムギの起源地ではメソポタミヤ文明，キビ・イネの起源地では中国文明，トウモロコシの起源地ではマヤ文明が誕生したように（ポンティング，2001）．その後16世紀頃まで世界の人口は微増状態が長く続いたが，大航海時代の始まりと共に新大陸起源のバレイショやトウモロコシが旧大陸で栽培されるようになり世界の人口増を支えた．産業革命以降の人口増はすさまじく，特に20世紀後半の50年間に世界人口は平均年率1.8％で増加した（時子山・荏開津，2003）．

この人口増を支えたのは世界の穀物生産量の増加であり，収量の上昇による．作物収量の増大は，メンデルの法則を意識的に応用した近代育種技術によって達成した品種改良に拠るところが大きい．品種改良の成果の象徴は，「一代雑種トウモロコシ」やコムギやイネの「緑の革命」による収量の著しい増大である．

しかし最近になり世界の穀物生産量は，コムギ，イネなどの主要穀類の単収増が鈍化したことが主因でほとんど停滞したままとなっている．FAOの統計が入手できる1961年から2003年の主要穀物の収量の推移を図1.1に

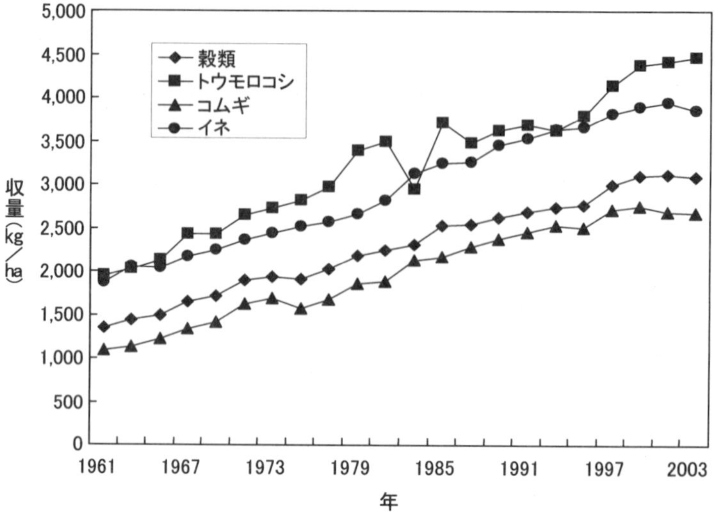


図 1.1　1961 年から 2003 年の主要穀物の収量の推移
（資料：FAOSTAT 2004）

示した．1995 年まではいずれの穀物も右肩上がりの収量増を達成してきたが，2000 年以降は雑種強勢を利用するトウモロコシを除き収量は明らかに低下気味となっている．世界に潜在可耕地面積はあっても耕地面積の増加は期待できないと言われている（大賀，2004）．このような状況において，増え続ける世界人口を支えるために作物の収量増を達成する上で遺伝子組換え技術に寄せる期待は大きい（Conway and Toenniessen, 1999）．

## 2．遺伝子組換え作物の登場

### （1）遺伝子組換え技術の開発

1973 年に米国のボイヤーとコーエンによって，スミスが 1970 年に発見したII型の制限酵素を用いて大腸菌の形質転換に成功し，遺伝子組換えの基礎技術が確立された．その後しばらく植物では遺伝子組換え技術は進展しなかったが，1974 年のシェルとモンタギューのグループによるアグロバクテリウムの Ti プラスミッドの発見および 1977 年のチルトンらによる T- DNA

表1.1　遺伝子組換え作物年表

| 年　次 | 遺伝子組換え技術の歩み/GM作物を巡る動き |
|---|---|
| 1944年 | ・遺伝子の本体がDNAであることを確認 |
| 1953年 | ・ワトソンとクリックがDNA二重らせん構造を解明 |
| 1963年 | ・スチュワートが植物の組織培養に成功 |
| 1970年 | ・スミスらがII型制限酵素を発見 |
| 1973年 | ・ボイヤーとコーエンが遺伝子組換えの基礎技術を開発 |
| 1974年 | ・シェルとモンタギューのグループがアグロバクテリウムのTiプラスミドを発見 |
| 1975年 | ・遺伝子組換え技術の安全性にかかわるアシロマ会議の開催 |
| 1977年 | ・チルトンらがTiプラスミドの中にT-DNAを発見 |
| 1983年 | ・チルトンらが無毒化したT-DNAを用いた植物形質転換系を開発 |
| 1983年 | ・植物の遺伝子発現ベクター系の特許化（モンサント） |
| 1985年 | ・除草剤耐性植物の開発 |
| 1986年 | ・タバコモザイクウィルス抵抗性タバコの開発 |
| | ・アンチセンス法の特許化（カルジーン） |
| 1987年 | ・パーティクルガン法の開発・特許化（アグラシータス） |
| 1990年 | ・遺伝子サイレンシング法の特許化（DNA-PT） |
| 1994年 | ・フレーバーセーバー・トマトの認可・販売 |
| | ・単子葉植物のアグロバクテリウムによる形質転換法の開発（日本たばこ） |
| 1996年 | ・除草剤耐性ダイズ，トウモロコシの商業生産の開始 |
| 1999年 | ・ビタミンA前駆体のβ-カロテンを含むゴールデンライスの開発 |
| 2001年 | ・世界のGM農作物の作付け面積が5,000万ヘクタールを突破 |
| 2004年 | ・遺伝子組換え生物等の使用等の規制による生物の多様性の確保に関する法律の施行 |
| | ・EUが1998年以来のモラトリアムを解除し，GMトウモロコシの加工利用を承認 |
| | ・世界のGM農作物の作付け面積が8,000万ヘクタールを突破 |
| 2005年 | ・米国での除草剤耐性ダイズの作付割合が87％ |

鵜飼（2005），大塚（1994）および植物バイオ年表（バイテク情報普及協会，2005）を参考に作成

の発見を経て，1983年にチルトンらが無毒化したT-DNAを用いた植物形質転換系を開発した（Chilton, 2001）ことにより，植物の遺伝子組換えの実用化技術が確立された（表1.1）．この短期間での植物形質転換技術の確立は，植物ホルモンの発見や植物の組織培養研究の下地があったことと無縁ではない（鵜飼，2005）．アグロバクテリウムによる形質転換法の他に，エレクトロポレション法やパーティクルガン法などの化学的および物理的な組換え技術が開発された．

## （2） 遺伝子組換え作物の開発

このわずか10年後の1994年に日持ち性を改良した遺伝子組換え（GM）トマト「フレーバー・セーバー」が市場に登場した．これはアンチセンス法で細胞壁のペクチンを分解する酵素ポリガラクツロナーゼ（PG）の合成を抑えることにより，トマトが赤く完熟しても果肉が軟らかくなりにくくしたもので，栄養性と食味に優れる完熟トマトを収穫・輸送することを可能にした画期的な技術であった．実際にこの組換えトマトを原料とするトマトピューレは品質がよく一時は店頭に並ぶ人気商品であったが，畑での収量や品質が期待したほどでなく，遺伝子組換え作物に対する消費者の反対もあって，数年でこの商業生産は終わった（大塚，1999）．

主要作物においてGM作物の商業生産が開始されたのは1996年からである．1995年に米国環境保護局は，土壌細菌バチルス・チューリンゲンシス（以下Bt）が生産する殺虫性タンパク質遺伝子を導入したBtトウモロコシの商業生産を認可した．Btは30年以上前から微生物殺虫剤として使われていた生物農薬で，トウモロコシを加害するアワノメイガやオオタバコガに高い害虫防除効果を認めていたものである．しかし，外部からの散布のため降雨などにより防除効果が低下する，内部に潜む害虫は駆除できないなどの問題があった．殺虫性タンパク質を直接生産するBtトウモロコシは，食害する害虫に対し全生育期間を通じて安定した高い殺虫活性が持続できる優れた画期的なGM品種として農家に受け入れられた（河原畑，2000）．

モンサント社の大ヒット商品となったグリフォサート（商品名：ラウンドアップ）に耐性のGM作物（ダイズ，ナタネ，トウモロコシ，ワタなど）の商業生産は1996年以降に始まった．グリフォサートは，アミノ酸生合成系の酵素5-エノールピルビルシキミ酸-3-リン酸合成酵素（以下EPSPS）の活性を阻害し，フェニルアラニン，チロシン，トリプトファンなどの芳香族アミノ酸の生合成を抑制することで植物を枯死に至らしめる．人や動物への毒性がほとんどなくかつ土壌中で容易に分解する安全性の高い非選択性の除草剤として30年以上にわたって広く利用されてきた．グリフォサートの影響を受けにくい作物を開発するために1980年代から植物および細胞レベルの変異体の検索が行われてきたが，実用的な技術開発に至らなかった（Dill, 2005）．土壌微生物のスクリーニングにより，グリフォサートとの親和性が低いため，グリフォサートが存在しても芳香族アミノ酸の生合成が抑制されない（EPSPS 活性を高位にもつ）特殊な EPSPS をもつアグロバクテリウム CP 4 株が検索されたことで実用的な技術開発が拓けた．すなわち，アグロバクテリウム CP 4 株由来の EPSPS 遺伝子をパーティクルガン法で導入することにより，グリフォサートの影響を受けない GM 作物が開発された．グリフォサート以外にも，グリホシネートやブロモキシニルなどの除草剤耐性の GM 作物が前後して開発された（與語，2000）．

1996 年に GM トウモロコシやダイズの商業生産が始まったその後の GM 作物の栽培面積の急増には目を見張るものがある．2004 年に世界の GM 農産物の作付面積は 8,000 万ヘクタールに達した（James, 2004）．

## 3．GM 作物普及の背景

これまでに世界中で多種多様な GM 作物品種が開発されている．わが国の一般圃場での栽培が可能なものだけでも 2003 年 10 月時点で 74 件を数えている（田部井，2004）．しかし，本格的に商業栽培されている GM 農作物は，除草剤耐性か耐虫性（Bt）のダイズ，トウモロコシ，ワタ，カノーラ（ナタネ）である（James, 2004）．

### （1）Bt トウモロコシの普及の背景

図 1.2 にアメリカにおける 1996 から 2004 年の GM ダイズおよびトウモロコシの栽培面積割合の推移を示した．トウモロコシについては，1999 から 2000 年にかけていったんは作付面積が減少したものの，2001 年から再び作付けが徐々に増大している．いったん作付けが後退した背景には，アメリカ環境保護局（EPA）が Bt トウモロコシの栽培規制を 2000 年 1 月に発表し，害虫の殺虫性タンパク質抵抗性遺伝子頻度のレベルの上昇を回避するために，圃場内に普通のトウモロコシ品種を 2 から 5 割同時に栽培するように生産者を指導したことがあげられる（立川，2003）．Bt トウモロコシでは，

生育期間を通じて安定した高い殺虫効果があり，また害虫の進入に伴い発生しやすい細菌などによる病害も少なく，特に害虫密度が高い圃場では普通のトウモロコシ品種に比べてかなりの増収になる（河原畑，2000）．このこともあってか，2000 年に起こったスターリンク混入事件（アメリカにおいて食品としては認可されていない遺伝子組換えトウモロコシ「スターリンク」（飼料としては認可済）が，食品中に混入していることが確認された事件）によりGM トウモロコシの作付けが後退するのではないかと見られていたが，作付けにブレーキがかかることはなかった（立川，2003）．

### （2）GM ダイズの普及の背景

一方，GM ダイズの普及率の伸びは大きく，栽培が始まってからわずか 8 年で世界の全作付面積の 60 %，米国では 85 %が GM 品種となった（図 1.2）．一体こんなに急激に普及した理由は何であろうか？ダイズの場合，GM

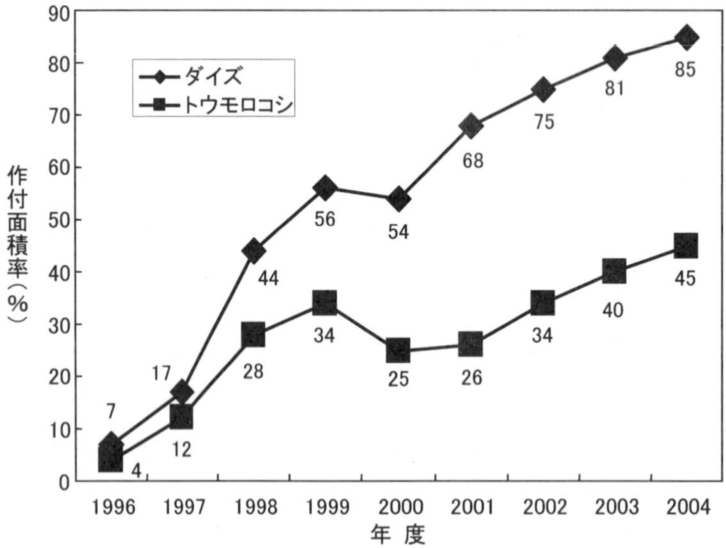


図 1.2　米国におけるGM ダイズおよびトウモロコシの栽培面積割合の推移
資料：USDA-NASS, Acreage (June 2000～2005) など

品種のほとんどは除草剤耐性品種であり，その普及理由として，① 米国のダイズ栽培では，播種直後と生育期の最低 2 回除草剤が処理されるが，除草剤耐性ダイズでは生育期に 1 回の処理ですむため，資材費および労働力の大幅な削減につながる，② 選択的除草剤を使う場合，いわゆる「難防除雑草」の発生がみられるが，グリフォサートのような非選択性除草剤で処理する技術を導入すると，この心配がほとんどなくなる，③ グリフォサートは低毒性の単純な化学構造をしており，散布後すみやかに土壌に吸着されるとともに土壌微生物によって短期間に分解され，後作に影響を与えないなどがあげられている（與語，2000）[10]．一方，立川（2003）は，不耕起栽培との親和性を第一の理由にあげている．土壌浸食の防止および水分保持にとって不耕起栽培は有利であるが，この場合，中耕除草をしないのでダイズ生育期に非選択性除草剤が使える GM ダイズのニーズが高くなる．また，収穫作業の効率化・生産の省力化も重要な理由としてあげられている．すなわち，雑草が抑制されることで，ダイズ収穫作業がスムーズに行え，省力化につながる．加えて，生産作業のかなりを占める中耕除草作業をしない生産体系は大規模化に有利である．こうした省力化効果は大規模になるほど切実な要求であり，実際にダイズ作付け規模が大きくなるほど，GM ダイズ品種の作付け割合が高くな

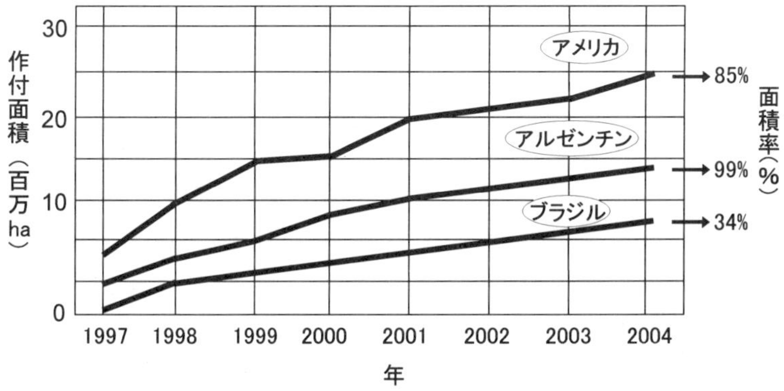


図 1.3　ダイズの主要輸出国における GM ダイズの作付面積の推移（1997-2004）
出典：Soy Stats（2005）

アルゼンチン，パラグアイ，ブラジルのダイズ生産農家の圃場規模は米国よりもさらに大きく，除草剤耐性品種に対するニーズには大きいものがある．実際，2004 年のアルゼンチンの GM ダイズ作付け率は 99 %に達した（図 1.3）．アルゼンチンにおいてラウンドアップ耐性ダイズが急速に作付面積を拡大した要因には，前述の GM ダイズの有利性に加えて，アルゼンチンの法律でモンサント社が GM ダイズの技術使用料を取れなかったこと（泉原，2005）（工藤博（JIRCAS 南米代表）氏からの私信），およびアルゼンチンではグリフォサートの生産が特許の規制を外れてできた（PAN North America, 2001）ことにもあると考えられている．

一方，ブラジルでの GM ダイズの普及の背景は複雑で，2003 年 10 月と 2004 年 10 月に GM ダイズ生産の部分的な合法化措置がとられ，2005 年 3 月から全面的に生産および流通が認可された．しかし，実際には数年前から商業生産があり，2004 年には 30 %を越える GM ダイズの作付けがあった（図 1.3）．すなわち，解禁前にすでに，アルゼンチンなどからブラジルに GM ダイズが（不法に）輸入され，ダイズ生産農家で好成績をあげていた．結局，年々の GM ダイズの作付面積の増大に抗しきれなくなって予想より早く解禁になったと考えられている．しかし，モンサント社とブラジル側で特許料の支払い額・方法について合意に至っていないなど，法律面での課題が多数残されている（工藤博氏からの私信）．

### （3） 除草剤耐性ダイズの普及に伴う課題

除草剤耐性ダイズの導入は農業技術的にきわめて画期的であることに疑問の余地はないが，異常ともいえる早さで GM 品種が大面積を占めるようになったことが，生産側にとっても消費者側にとっても新たな抗争や疑念・不安を生み出していることは否めない．

また，グリフォサート耐性作物の世界的な普及に伴うグリフォサート耐性雑草発生の問題も既に顕在化している．グリフォサートは 1974 年に非選択性除草剤として商品化され，GM 作物が登場した 1990 年代半ばからその使用量は急に増大した．米国では，他の除草剤を駆逐しながら，2002 年のグリフォサート使用量は1995年の約10倍になったことが報告されている(Nandula *et al.*, 2005)．グリフォサートを単剤で使用することを連年続けた場合，本剤抵抗性の雑草の出現を加速化する危険性は十分考えられる（與語，2000)．実際，最近になってすでに８種のグリフォサート耐性の雑草種が出現したとの報告がある（PAN North America, 2001)．1997年からGMダイズを栽培しているアルゼンチンでも，「スーパー雑草」の発生がみられ，グリフォサート以外の除草剤を散布する必要があると指摘されている（泉原，2005)．

## 4．遺伝子組換え技術のインパクト

### （1）植物の進化経路を遡上する

植物は栽培化の過程で，種子の休眠性や脱粒性などの消失に加え，病菌・害虫などに防御・忌避作用をもつ有毒成分や苦味成分を棄却してきた．また，進化・分化の過程で，生物的および非生物的ストレスに対する耐性を獲得してきたケースも多い．つまり，育種において生殖のバリヤーを越えて有用な遺伝形質を利用できれば，耐病虫性やストレス耐性についての作物の改良は

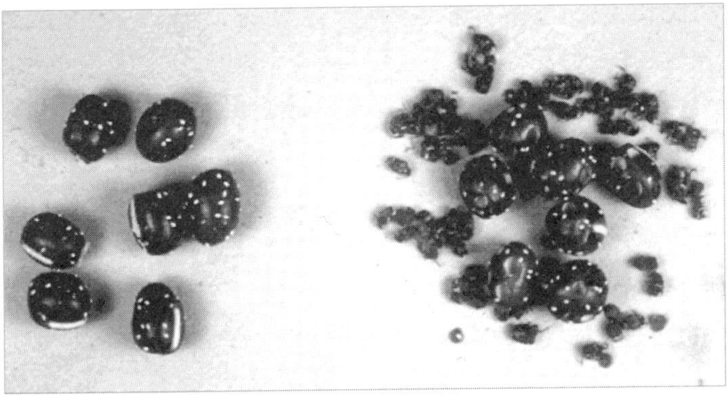

図1.4　インゲンマメ由来のα-アミラーゼインヒビタータンパク質の遺伝子を導入した組換えアズキの耐虫性確認
普通のアズキ（右図）では，卵から孵った幼虫はアズキに穴を開けて成虫となって出てくる．組換えアズキ（左図）では幼虫は孵化後１齢で死亡する．

無限であるといえよう.

一例として，筆者らが関係したアズキゾウムシ抵抗性アズキの作出にふれる．アズキゾウムシは貯蔵中のアズキなどを食べるが，インゲンマメは本虫にはまったく食害されない．インゲンマメ（*Phaseolus* 属）はアズキ（*Vigna* 属）に近縁であるが，約 800 万年前に分岐したと考えられており（友岡ら，2005），交配はできない．我々は，インゲンマメ種子に含まれアズキに含まれないα-アミラーゼインヒビター（α-AI）が抵抗性の原因物質であることをつきとめ，遺伝子組換えによって α-AI 遺伝子をアズキに導入し，抵抗性アズキの作出に成功した（Ishimoto *et al.*, 1996）．組換えアズキでは，幼虫は孵化した後，頭部を子葉に貫入したまま 1 齢で死亡することが確認された（図 1.4）．この抵抗性アズキの育成については，昆虫学者として著名な石井象二郎氏の「虫に食べられないアズキを求めて」（石井，1995）に詳しく紹介されている．なお，この組換えアズキを用いた耐虫性アズキ品種の育成は行われていない．国内アズキの大部分を生産する北海道には本虫は分布しないことがその背景にある.

### （2）作物成分を画期的に改変する

除草剤耐性や耐虫性の GM 作物は，種子生産者や生産農家への便益はあっても消費者にはなんらメリットがないとの見方がある．このため，消費者が利点を実感できる栄養性や機能性を対象にした GM 作物の研究・開発に重点がおかれるようになった（田部井，2004；中村，2003）．すでに脂肪酸組成を改変した組換え品種として，ラウリン酸含有ナタネや高オレイン酸ダイズが商品化されているが，最近になり，ビタミン類やフラボノイド類など種々の機能性成分を改変した組換え植物が開発された（表 1.2）.

このような成分の画期的改変が可能となった背景には，近年のゲノム科学の発達により従来の生化学的な手法では達成が困難であった各種成分の生合成系の解明や酵素遺伝子の単離がある．このような成分改変には，栄養素としてのタンパク質，脂質，炭水化物や抗酸化成分，抗変異源成分，抗アレルギー成分などの機能性成分が対象となる．また，農作物の非食利用を対象と

表 1.2　成分形質が改変された組換え植物の種類と特徴

| 成分形質 | 導入遺伝子 | 作物 | 開発者 |
|---|---|---|---|
| 脂肪酸組成 | | | |
| 高オレイン酸 | ω-6 デサチュラーゼ | ダイズ | Kinney ら (1994) |
| EHA, DHA 生産 | ケトレダクターゼ 他 | シロイヌナズナ | Baoxiu ら (2004) |
| ミネラル | | | |
| 高鉄含量 | フェリチン | イネ | Goto ら (1999) |
| ビタミン類 | | | |
| 高ビタミン E | γ - TMT 他 | ダイズ | Van Eenennaam ら (2003) |
| ビタミン A 供給 | フィトエン合成酵素 他 | イネ | Ye ら (2002) |
| フラボノイド類 | | | |
| イソフラボン生産 | イソフラボン合成酵素 他 | トウモロコシ | Yu ら (2000) |
| 高フラボノイド | カルコンイソメラーゼ | トマト | Muir ら (2001) |
| 必須アミノ酸 | | | |
| 高トリプトファン | 変異アントラニル酸合成酵素 | イネ | Tozawa ら (2001) |
| 高メチオニン | シスタチオニンγ合成酵素 | シロイヌナズナ | Kim ら (2002) |
| アレルゲン | | | |
| Gly m Bd 30 K 除去 | Gly m Bd 30 K | ダイズ | Herman ら (2003) |
| スギ花粉症緩和 | 7 crp (人工ペプチド) | イネ | Takaiwa ら (2005) |

高岩文雄 (2005) を参考に作成

して，エネルギー源や工業用さらには製薬用に向くように植物成分を大きく改変する試みがある．以下に，主な事例を紹介する．

**1）β-カロテンを蓄積するイネ**

コメ胚乳にはβ-カロテンなどのビタミン A 前駆体がほとんど含まれていない．これはその合成経路が存在しないからである．Ye らは，ラッパズイセン由来のフィトエン合成酵素遺伝子（*Psy*）など 3 種類の遺伝子をイネに導入することによりβ-カロテンを胚乳に蓄積するイネ「ゴールデンライス」を作出した（Ye *et al.*, 2000）．その後，トウモロコシ由来の *Psy* をイネに導入することにより，「ゴールデンライス」の数倍高含量のβ-カロテンを蓄積する「ゴールデンライス 2」が開発されている（Paine *et al.*, 2005）．

ビタミン A 不足により毎年多数の失明者や免疫不全患者を抱える途上国にとって「ゴールデンライス」は，大きな福音になる可能性がある．このため，モンサント社，バイエル社などの特許保有会社は，人道上の見地から「ゴールデンライス」の開発に使用した全ての特許を無償で供与する方針を示した．これを受けて，IRRI（国際イネ研究所）が中心になり「ゴールデンライス」の実用化に向け安全性や栄養学的効果の試験が行われている（中村，2003；久野，2002）．

### 2）魚油を生産する植物

英国ブリストル大学の Baoxiu らは，海棲微藻類に由来する特殊な鎖伸長酵素遺伝子（*IgASE1*）やミドリムシに由来する不飽和化酵素遺伝子（*EuΔ8*）など 3 種類の遺伝子をシロイヌナズナに導入することにより，植物葉においてアラキドン酸（AA）やエイコサペンタエン酸（EPA）などの魚油構成脂肪

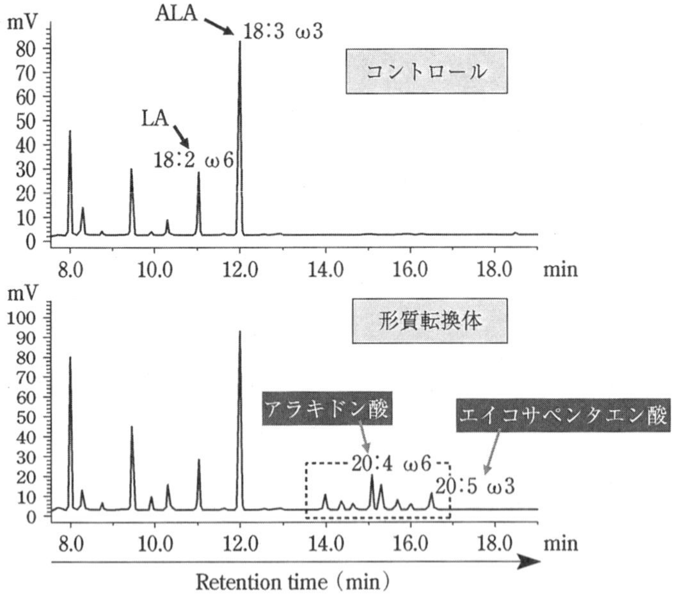


図 1.5　形質転換シロイヌナズナ葉の脂肪酸組成のガスクロマトグラム
形質転換体では，リノール酸（LA）およびリノレン酸（ALA）に加えて魚油構成脂肪酸であるアラキドン酸およびエイコサペンタエン酸を生成している．
出典：Qi *et al.*, 2004

酸を生産することに成功した（図1.5）（Qi *et al.*, 2004）．さらに，カナダのWuらは，種子特異的なナピンプロモーターの制御下においた数種の遺伝子を西洋カラシナ（*Brassica juncea*）に導入し，種子の全脂肪酸の25％がAA, 15％がEPAになった形質転換植物の作出に成功した（Wu *et al.*, 2005）．

エイコサペンタエン酸やアラキドン酸などの超長鎖高度不飽和脂肪酸は，人の健康・栄養にとって重要な役割を担っている．魚類をほとんど食材としない人々にとって植物から魚油構成脂肪酸を摂取することは魅力的な研究開発と考えられている．また，反芻動物の飼料に魚油を混入すると，温室効果気体であるメタンガスの発生が抑制されることも開発理由の一つとされている．

### 3）高ビタミンE含有ダイズ

ビタミンEとして知られるトコフェロールは天然には4種（α，β，γ，δ）ある．α-型のビタミンE活性を100とすると，β-型30-50，γ-型10前後，δ-型2以下と低い．葉や茎などの光合成器官や胚芽では活性酸素の補足能力が最も高いα-型が主なトコフェロールであるが，種子ではヒマワリ，サフラワーなどα-型を多く含むもの以外は，γ-型が主要なトコフェロールである．ダイズ油の総トコフェロール含量は高いが，γ-型が約70％でα-型が5－10％と低いため，ダイズ油のビタミンE活性量は他の植物油と比べて低い．

モンサント社の研究グループは，植物のトコフェロール生合成経路に関与する酵素のうちα-型を高める2種の酵素（2-methyl-6-phytilbenzoquinol methyltransferaseおよびγ-tocopherol methyltransferase）遺伝子をダイズに導入し，種子特異的プロモーターで高発現することにより，種子全トコフェロールの約9割をα-型にしたダイズの作出に成功した（Van Eenennaam *et al.*, 2003）．α-型が高くなっても総トコフェロール含量は変わらないことから，ダイズのビタミンE含有量の大幅増大を可能にした画期的な成果と考えられる．

### 4）スギ花粉症緩和用のイネ

植物で医薬用のタンパク質，抗体，ワクチンなどを生産する試みが世界的に注目され，実用化に向かっている（The European Union Framework 6 Pharma-Planta Consortium, 2005）．わが国で開発中の「スギ花粉症緩和米」もその一つである．農業生物資源研究所の高岩ら（2004）は，スギアレルゲンタンパク質（Cry j 1，Cry j 2）の 7 種類のエピトープを連結した 96 アミノ酸残基からなる人工ペプチド遺伝子を胚乳特異的発現プロモーターや小胞体への移行シグナルとともに導入し，目的とするペプチドを胚乳組織に特異的に蓄積するイネの開発に成功した．

このコメを食べることで経口免疫寛容を誘導し，花粉症を緩和できる可能性が高いと期待される．マウスによる経口投与実験ではスギ花粉を浴びせても花粉症状（くしゃみ）が緩和することが示されている．この成果は，農林水産省・農林水産技術会議事務局〔2005 年 10 大研究成果〕の 1 位に選定された．しかし，スギ花粉症緩和米として実際に利用するにはクリアしなければ

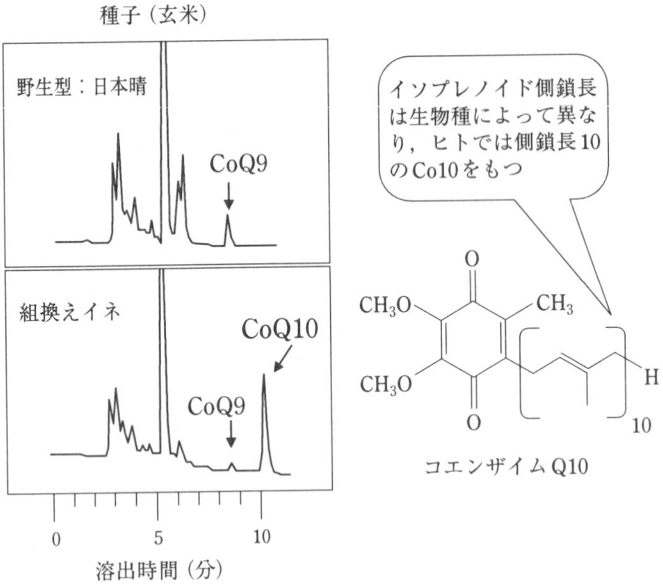


図 1.6　コエンザイム Q10 の化学構造（右図）とイネ種子における CoQ9 と CoQ10 の高速液体クロマトグラフィー解析（左図）
（門脇光一氏　作図）

ならない課題は多い.

### 5）ユビキノン-10を生産するイネ

ユビキノン（UQ）はコエンザイムQ（CoQ）ともよばれ，ミトコンドリアにおけるATP産生に関わる必須成分である．UQはベンゾキノン骨格とイソプレノイド側鎖より構成されるが，側鎖長は生物種によって異なり，ヒトは側鎖長10のUQ-10をもつ．農業生物資源研究所の門脇らは，本来CoQ 9を作るイネにグルコン酸菌由来のCoQ 10合成酵素遺伝子（ddsA）とイネミトコンドリア局在シグナルおよび種子特異的プロモーターを用いたコンストラクトを作成して導入し，種子でCoQ 9の代わりにCoQ 10を生産するイネの開発に成功した（図1.6）（高橋・門脇，2005）.

CoQ 10は様々な薬理効果を持つ活性物質で，わが国では2001年に厚生労働省が食品としての利用を認めたことから，サプリメントとして販売されるようになり，近年人気を集めている．現在CoQ 10は植物由来の原料を用いた化学合成法，または微生物を用いた発酵法により生産されているが，その

図1.7　遺伝子組換えで作出したデルフィニジンを蓄積しているバラ
（サントリー，バイオサイエンスとインダストリー提供資料）

需要は増加の一途をたどっている．これまでにない新たな CoQ 10 の生産方法を確立した成果として注目されている．

#### 6）青いバラの開発

バラは青色色素デルフィニジンを合成できないため青いバラはなかった．サントリーの研究グループは，パンジー由来のフラボノイド 3'，5'-水酸化酵素（F 3' 5' H）遺伝子をバラに導入し，色素合成経路を改変することにより，デルフィニジンを合成する青色バラの作出に成功した（図 1.7）（水谷・田中，2005）．同グループは数年前に，同様な手法でペチュニア由来の F 3' 5' H 遺伝子をカーネーションに導入して青いカーネーション（品種としては，「ムーンダスト」が有名）の開発に成功していたが，青いバラの開発には多くの試行錯誤を必要とした．理由は不明であるが，バラではパンジー由来の F 3' 5' H 遺伝子のみがデルフィニジンの生産に有効であり，かつデルフィニジンの含有率と花色を向上するためにバラ自体の F 3' 5' H の次のステップを触媒する酵素（DFR）を RNAi 法で抑制し，アイリス由来の DFR を過剰発現するなどの技術開発がかかわった（水谷・田中，2005）．

青いバラといっても淡い青紫色（図 1.6）であり，もっと青いバラにするためにはさらなる技術開発が求められるが，今後のバラの育種にとって今まで不可能であったデルフィニジンという青色色素を利用できるようになったことは「バラの歴史」にとって画期的なことである．わが国で開発された画期的な遺伝子組換え技術の成果の一つといえよう．

### （3） 第 3 世代の GM 作物

除草剤耐性や耐虫性など農業生産性に直接関係する形質を付与した GM 作物を第 1 世代，栄養性や健康機能性改変など消費者にメリットのある GM 作物を第 2 世代とよび区別することがある（高岩，2002）．第 1 世代および第 2 世代の GM 作物については上に述べた．一方，工業原材料や医薬品材料などを生産する GM 作物を区別して第 3 世代とよぶ場合がある．

植物油の中には，昔から工業用途などの非食用に利用されてきた特殊な油脂がある．コーティングや可塑剤に利用される亜麻油，潤滑油や化粧品用に

表 1.3　脂肪酸組成を工業用に改変した組換え植物の事例

| 脂肪酸 | 機能的特徴 | 遺伝子由来植物 | % * | 組換え植物 | % ** |
|---|---|---|---|---|---|
| Lauric acid | C 12 直鎖 | California　bay | 65 | アラビドプシス | 60 |
| Petroselinic acid | Δ 6 二重結合 | Coriander (ｺﾘｱﾝﾀﾞｰ) | 80 | ナタネ | < 1 |
| Ricinoleic acid | ハイドロオキシ基 | Castor (ヒマ) | 90 | アラビドプシス | 17 |
| Vernolic acid | エポキシ基 | *Crepis palaestina* | 60 | アラビドプシス | 15 |
| Crepenynic acid | 三重結合 | *Crepis alpina* | 70 | アラビドプシス | 25 |
| Eleostearic acid | 共役二重結合 | *Mormordica charantia* | 65 | ダイズ | 17 |

* 遺伝子由来植物の種子油中の脂肪酸組成含有率
** GM 植物の種子油中の脂肪酸組成含有率
出典：Jaworski and Cahoon, 2003

利用されるヒマ油，洗剤用としてのココナツ油などである．これらは，それぞれの用途に向く特殊な脂肪酸を特に多く含む．たとえば，ヒマ油ではオレイン酸（18 : 1 $\Delta^9$）に OH 基が結合した Ricinoleic acid を多く含む．さらに特殊な野生植物の中にはエポキシ基や 3 重結合をもつ特殊な脂肪酸を含み，これらはナイロンやプラスチックなどの原材料として適性が高いことが知られている．これら特殊な脂肪酸の合成に関与する遺伝子を作物に導入することにより，特殊な脂肪酸を安価にかつ大量に生産することを目指した GM 作物開発が試みられている（Jaworski and Cahoon, 2003）．

これまでのところ，California bay という植物由来のラウリン酸（12 : 0）合成遺伝子を導入することにより 60 %のラウリン酸を蓄積する GM ナタネを，また Oleoyl- $\Delta$ -12 desaturase を恒常的に抑制することにより 85 %のオレイン酸を蓄積する GM ダイズの作出に成功し，商業生産が達成されている．しかし，遺伝子導入により目的の脂肪酸は合成できるが，遺伝子由来の植物に比べ GM 作物では低い割合でしか目的の脂肪酸を蓄積することができない場合が多い（表 1.3）．この理由として，① 脂質の大部分はトリアシルグリセロール（トリグリセリド）として蓄積されるが，ホスト（GM）作物のトリアシルグリセロール化酵素と導入した脂肪酸の基質としての相性が良くないので蓄積効率が低い，② ホスト作物が導入した脂肪酸を異質脂肪酸と認識し異化する系があり蓄積効率が低下する，などがあげられている（Thelen and Ohlrogge, 2005).

このように，特殊な脂肪酸など本来作物での生産がなかった物質を効率良く合成蓄積するためには，いくつかの大きなハードルをクリアしなくてはならないと考えられる．しかし，工業原材料やエネルギー源となる物質を作物で生産しょうとする考え方は，再生可能で環境に優しい物質生産として各国で国民の支持が大きくなりつつあると同時に，大きなビジネスチャンスとして民間企業の積極的な研究開発投資がなされると思われる．すでに米国やブラジルなどでは農作物を非食利用に用いているが，近い将来に，エネルギーや工業用の原材料を特殊に改変した植物に求める時代が来ると考えている．

## 5．遺伝子組換え技術開発の課題と問題

### （1）技術開発の課題（技術的にクリアしなくてはならないこと）

植物の遺伝子組換えが可能となった当初，増大する世界人口を養うに十分な食料生産を確保する画期的な科学技術として大いに期待され，先進国各国で競って研究開発投資が成されてきた．確かに遺伝子組換え技術によって，より広範でかつ高度なストレス耐性品種の育成が可能となってきたが，遺伝子組換え技術に当初期待されていたような食料問題解決に貢献するような収量が増大した品種改良や半砂漠地などに向く耐干ばつ性に優れる品種改良の見通しは未だ得られていないのが本当のところである．

2050 年には 100 億に達すると予測されている地球の人口増，および耕地の干ばつと塩害が一層進むと考えられる状況にあって，将来に作物の収量増加を達成していくためには，作物の水利用効率を高め，耐塩性を付与することが最重要と考えられている（Chaerle *et al.*, 2005）．複数の遺伝子によって決まっているような形質や，さまざまな遺伝子の相互作用の結果，決まってくるような形質を対象とした作物の品種改良には，遺伝子組換え技術はまだまだ未熟で，さらなる研究開発を必要としている．したがって，水利用効率や耐塩性など多数の要因が複雑に絡むような形質を遺伝子組換え技術単独で解決していくことは到底できない．Wollenweber らは，「第 2 の緑の革命」とも云うべき将来の作物の収量増を達成するためには，植物生理学，分子遺

伝学，ゲノム学，栽培育種学など種々の学問分野が共同・融合して研究開発に向かうことの必要性とともに，こうしたいわば「異分野融合領域」への積極的な研究投資が不可欠であることを力説している（Wollenweber *et al.*, 2005）.

### （2）GM作物の開発コスト問題

モンサント社やデュポン社などの農薬企業が種子産業（植物バイオ産業）分野で事業活動を活発化してきた理由として，農薬の特許切れや GM 作物 1 品種当たり研究開発費のコストや開発期間が化学農薬と比べて大幅なコストダウンになったことなどがあげられている（久野，2002）．しかし，1990 年代に 1 GM 品種当たり 10 から 15 億円であった開発コストが最近では 30 から 40 億円と急上昇し，実質的に果物や野菜などマイナー作物の GM 品種育成を止めることになっている（Bradford *et al.*, 2005）．この背景には，GM 品種は従来の方法で育種された品種とは本質的に異なるので，GM 食用作物の規制を一層厳しくするべきであるとの主張が各国で力を得ていることにある．筆者には，GM 品種と従来品種が生物的に異なる範疇のものであるかを本稿で考察する余力がないが，今後の GM 作物の開発・利用においてきわめて重要な問題を抱えていると考えており，以下の点を指摘したい．

グリフォサート耐性の GM 品種を継続して栽培することに伴い「スーパー雑草」が出現することを前述した．この問題を回避するには，グリフォサート以外の除草剤に耐性の品種を用いる必要がある．しかしながら，1995年以降に新しいタイプの除草剤耐性品種はまったく認可されていないという．この背景には，新しいタイプの除草剤に耐性の GM 品種の育成には多額の資金と長い開発期間およびリスクを伴うことなどの問題があると指摘されている（Duke, 2005）．今後，新しいタイプの除草剤耐性品種が認可されないとなると，現在入手できるグリフォサート，グリホシネート耐性などの限られた種類の除草剤耐性品種のみでは，折角開発された画期的な農業生産技術も次第に利用価値が低下することが危惧される．

植物で食べるワクチンを生産する試みが実用化に向かっていることを前述

した．もともと食べるワクチンは，バナナで HIV/ AIDS などのワクチンを安価に生産し，開発途上国の人々が経口で利用できるように提案したものであった．現在すでに技術的には実用段階に来ているといわれているが，実際に利用されるまでに至っていない．この理由として，認可までの安全性評価に莫大なコストがかかる割に，「安価」であるがために大きな利益が見込めず，企業側の開発意欲に弾みがつかないことがあげられている（Amsterdam, 2004）．この上さらに開発コストが上がることになると，人類が恩恵を受けるべき画期的な技術開発をみすみす逃すことになりかねない．

## 6．おわりに

遺伝子組換え技術は従来の育種技術ではなしえない画期的な形質改良を可能にした．この意味で品種改良は新しい時代に入ったといえよう．特に成分改変については，その合成経路をピンポイントで改変することで目的物質の増強や新規物質を生産することが可能になってきた．しかし，ここに新たな GM 作物を巡る問題が浮上している．すなわち，医薬品や工業用物質を生産する GM 作物の食用への混入を完璧に防ぐための方策を巡る問題である．

食用作物だと経済的なメリットは大きいが，食用への混入はさけられない側面がある．一方，アラビドプシスやタバコなどの非食用作物だと経口ワクチン化できないなどデメリットに加えて，生産性において経済的に競合できないなどの問題がある（Phillips, 2004）．物理的または生物的に封じる手だてが考えられるが，この問題は，論争が続いている消費者の GM 食用作物の受入れ，遺伝子拡散や環境への影響などの問題に加えて，GM 作物の開発・利用を巡る今後の問題として大きい．

本論に記述したように，複数の遺伝子によって決まっているような形質や，さまざまな遺伝子の相互作用の結果，決まってくるような形質を対象とした作物の品種改良には，遺伝子組換え技術はまだまだ未熟で，さらなる研究開発を必要としている．しかし，急速に増加する人類の食料需要にこたえるために，作物の生産能力を高めうる技術を提案することが不可欠であり，遺伝子組換え技術が核となって解決手法を見出していく以外に方法は見あたらない．人類の叡智を傾けて遺伝子組換え技術の高度な完成を目指すべきであるし，そうなって初めて作物の品種改良は人類に貢献し続けられると考えている．

遺伝子組換え技術の登場により，これからの育種技術はますます高度化・特殊化するであろう．このことは同時に育種技術の特許化・寡占化が進むことを意味している．未来において育種技術が人類に偏向のない福音をもたらすために確とした方策を求め続ける必要がある．

最後に，中村靖彦氏の論文「早すぎた普及・遅すぎた検証」にある一文を置いて末筆とする．『遺伝子組換え技術が21世紀の救世主になるためには，一つ条件があると思う．その条件とは，開発した種子の国際管理である』(中村，2001)．


## 謝　辞

シンポジウム講演および本稿の執筆に当たって多くの方々から資料・情報のご提供を頂きました．また，本稿の参考図としての転用をご快諾頂きました独立法人農業生物資源研究所の門脇光一博士およびサントリー先進技術応用研究所の田中良和博士に厚くお礼申し上げます．


## 引用文献


Amsterdam, P.V. 2004. Edible vaccines not ready for main course. Nature Medicine 10 : 881.

Bradford, K., Deynze, A.V., Gutterson, N., Parrot, W. and Strauss, S. 2005 . Regulating transgenic crops sensibly: lessons from plant breeding, biotechnology and genomics. Nature Biotechnology, 23 : 439-444.

Chaerle, L., Saibo, N. and Van Der Staeten, D. 2005. Tuning the pores : towards engineering plants for improved water use efficiency. Trends in Biotechnology, 23 : 308-315.

Chilton, M.D. 2001. Agrobacterium. A Memoir. Plant Physiology 125 : 9-14.

Conway, G. and G. Toenniessen 1999. Feeding the world in the twenty-first century.

Nature 402 (6761 supp) : C 55 - C 58.

Dill, G.M. 2005. Glyphosate - resistant crops: history, status and future. Pest Management Science 61 : 219 - 224.

Duke, S.O. 2005 . Taking stock of herbicide - resistant crops ten years after introduction. Pest Manag Sci, 61 : 211 - 218.

石井象二郎 1995. 虫に食べられないアズキを求めて－昆虫学者の戦中と戦後，偕成社，349 - 406.

Ishimoto, M., Sato, T., Chrispeels, M.J. and Kitamura, K. 1996. Bruchid resistance of transgenic azuki bean expressing seed $\alpha$ - amylase inhibitor of common bean. Entomologia Experimentalis et Applicata, 79 : 309 - 315.

泉原　明 2005. セクター分析レポート メルコスールの農業事情 第3分冊－世界及びメルコスールにおける農業事情－，45 - 55.

James, C. 2004 . Preview: Global Status of Commercialized Biotech/GM Crops: 2004. ISAAA Briefs No. 32. ISAAA : Ithaca, NY.

Jaworski, J. and Cahoon, E.B. 2003. Industrial oils from transgenic plants. Current Opinion in Plant Biology, 6 : 178 - 184.

河原畑勇 2000. 害虫に強いトウモロコシ．日本農芸化学会編，遺伝子組換え食品－新しい食材の科学，学会出版センター，88 - 104.

久野秀二 2002. アグリビジネスと遺伝子組換え作物 政治経済学的アプローチ，日本経済評論社，72 - 79，306 - 310.

水谷正子・田中良和 2005. 青いバラの開発 不可能を可能にする植物バイオテクノロジー，バイオサイエンスとインダストリー 63 : 217 - 221.

中村達夫 2003. 第二世代の組換え植物 佐野　浩監修，遺伝子組換え植物の光と影Ⅱ，誠製本株式会社，207 - 221.

中村靖彦 2001. 早すぎた普及・遅すぎた検証，農業と経済 67 : 5 - 12.

Nandula, V.K., Reddy, K.N., Duke, S.O. and Poston, D.H. 2005 . Glyphosate - resistant weeds : current status and future outlook. Outlooks on Pest Management? August : 183 - 187.

大賀圭二 2004. 食料と環境．岩波書店，34 - 43.

大塚善樹 1999. なぜ遺伝子組換え作物は開発されたか バイオテクノロジーの社会学, 明石書店, 77-115.

Paine, J.A., Shipton, C.A., Chaggar, S., Howells, R.M., Kennedy, M.J., Vernon, G., Wright, S.W., Hinchliffe, E., Adams,J .L., Silverstone, A.L. and Drake, R. 2005. Improving the nutritional value of Golden Rice through increased pro-vitamin A content. Nature Biotechnology, 23 : 482-487.

PAN North America. 2001. Argentina : Industrialized Agriculture and GE. Pesticide Action Network Update Service. February 12.

Phillips, G.C. 2004. Drugs in crops (continued), Nature Biotechnology, 22 : 655-656.

ポンティング, C. 2001. 緑の世界史 上. 石弘之/京都大学環境史研究会訳, 朝日選書 504, 91-95.

Qi, B., Fraser, T., Mugford, S., Dobson, G., Sayanova, O., Butler, J., Napier, J.A. Stobart, A.K. and Lazarus, C.M. 2004. Production of very long chain polyunsaturated omega-3 and omega-6 fatty acids in plants. Nature Biotechnology, 22 : 739-745.

田部井豊 2004.「遺伝子組換え農作物」等の開発の現状と今後の展望. 特集「遺伝子組換え」の明日, 食の科学 No. 312 : 25-31.

立川雅司 2003. 遺伝子組換え作物と穀物フードシステムの新展開－農業・食料社会学的アプローチ－, 農山漁村文化協会, 77-90.

The European Union Framework 6 Pharma-Planta Consortium. 2005. Molecular farming for new drugs and vaccines. Current perspective on the production of pharmaceuticals in transgenic plants. EMBO reports, 6 : 593-599.

Thelen, J.J. and Ohlrogge, J.B. 2005 . Metabolic Engineering of Fatty Acid Biosynthesis in Plant. Metabolic Engineering, 4 : 12-21.

高岩文雄 2002. 第２世代遺伝子組換え作物開発の現状, 農業技術 57 : 289-294.

高岩文雄 2004.「スギ花粉症緩和米」の開発《急増するアレルギー疾患に福音》. 特集「遺伝子組換え」の明日, 食の科学 No. 312 : 32-38.

高岩文雄 2005. 有用物質生産. 農業および園芸 80 : 110-120.

高橋咲子・門脇光一 2005. コエンザイム Q 10 の新規な生産方法の開発, ブレインテクノニュース 107 : 1-4.

時子山ひろみ・荏開津典生 2003. 世界の食糧問題とフードシステム. 放送大学教育振興会, 11-12.

友岡憲彦・加賀秋人・ダンカン ヴォーン 2005 アジア *Vigna* 属植物遺伝資源の多様性とその育種的利活用（第一報）アジア *Vigna* の栽培種と起源, 日本熱帯農業学会誌, 50 :

鵜飼保雄 2005. 植物改良への挑戦 メンデルの法則から遺伝子組換えまで. 培風館, 247-316.

Van Eenennaam, A.L. Lincoln, K., Durrett, T.P., Valentin, H.E., Shewmaker, C.K., Thorne, G.M., Jiang, J., Baszis, S.R., Levering, C.K., Aasen, E.D., Hao, M., Stein, J.C., Norris, S.R. and Last, R.L. 2003. Engineering Vitamin E Content: From Arabidopsis Mutant to Soy Oil. The Plant Cell, 15 : 3007-3019

Wollenweber, B., Porter, J.R. and Lubberstedt, T. 2005. Need for multidisciplinary research towards a second green revolution. Current Opinion in Plant Biology, 8 : 337-341.

Wu, G., Truksa, M., Datla, N., Vrinten, P., Bauer, J. Zank, T., Cirpus, P., Heinz, E. and Xiao Qiu, X. 2005. Stepwise engineering to produce high yields of very long-chain polyunsaturated fatty acids in plants. Nature Biotechnology, 23 : 1013-1017.

Ye, X., Al-Babili, S., Kloti, A., Zhang, J., Lucca, P., Beyer, P. and Potrykus, I. 2000. Engineering the Provitamin A (β-Carotene) Biosynthetic Pathway into (Carotenoid-Free) Rice Endosperm. Science, 287 : 303-305.

與語靖洋 2000. 除草剤の影響を受けないダイズ. 日本農芸化学会編, 遺伝子組換え食品－新しい食材の科学, 学会出版センター, 63-86.

# 第２章
# 健康機能性を付与した遺伝子組換え米の開発

高岩　文雄
農業生物資源研究所新生物資源創出研究グループ

## １．はじめに

現在，世界で商業栽培されている遺伝子組換え作物は，除草剤耐性や害虫抵抗性のダイズ，ナタネやトウモロコシなど６品種である．これら遺伝子組換え作物はアメリカ，アルゼンチン，カナダ，ブラジル，中国などを中心に世界 17 カ国で生産されており，その栽培面積は 2004 年度で約 8,100 万ヘクタールと日本の国土の約 2.2 倍にも達しており，今後も増え続ける傾向にある．わが国では，コメ以外ダイズやトウモロコシなどの穀類の食料自給率は約 30 %と低く，トウモロコシでは 95 %以上を遺伝子組換え作物の栽培が盛んなアメリカなどからの輸入に依存している．これら穀類の輸入に当たっては，非遺伝子組換え作物だけを選択的に輸入することは不可能であり，ダイズでは輸入されている約 60 %が組換え体になっている．輸入された組換え作物は油や醤油など加工食品原料や飼料として利用されていることから，ほとんどの日本人は間接的な形ではあるが遺伝子組換え由来の食品を食べていることになる．こうした遺伝子組換え作物については，食品安全性について懸念がもたれているが，今まで約 10 年間長期摂取してきたにもかかわらず問題がなかったことから，安全と考えられる．しかし日本の多くの消費者は，遺伝子組換え農作物に対して強い抵抗感を持っており，商業栽培はまったく行われていない．さらに遺伝子組換え作物の一般栽培に対して規制する自治体も現れている．遺伝子組換え農作物が社会的に受け入れられない背景には，社会的，政治的，宗教的，感情的な多くの理由が複雑に絡んでいる．現在商業栽培されている遺伝子組換え作物が，グローバルな大企業により開発・販売され，生産者のみにしか利点が見えないのも大きな理由の一つである．しかし，遺伝子組換え技術は，基本的な育種技術として作物開発に組み入れるべき技術であり，すべての生物の遺伝子を利用できることから，育種にとって重要な変異拡大の上で限りない可能性をもっている．遺伝子組換え作物が社会的に認知されるようにするためには，遺伝子組換え技術によってのみ可能になる，消費者ニーズにあった，消費者が利点と感じる形質の付与が不可欠である．

近年，日本では食生活や生活スタイルまた生活環境の変化から，高血圧，糖尿病，高コレステロールなどといった生活習慣病やアレルギー疾患の患者数が急激に増加している．こうした背景の中で，食品から派生する多種類の生理機能性成分を利用し，健康維持に生かそうとする機運がかつてなく高まっている．そこで我々は，積極的に機能性成分を可食部に蓄積させ，毎日の食事を通して生活習慣病やアレルギー疾患の予防や緩和機能を付与した作物（とくにイネ）開発を目指している．実用化できれば，こうした健康機能性を付与した遺伝子組換え作物は消費者利点がはっきりしていることから，現在停滞している日本における遺伝子組換え作物を用いた新産業創出の突破口や農業の活性化につながるのではないかと期待している．

## 2. 米の健康機能性成分

突然変異を利用した育種や遺伝資源による遺伝的多様性を利用した交配育種だけでは，コメへの健康機能性の強化はもはや限界にきている．コメの機能性成分には，血圧降下作用のある GABA（γ-アミノ酪酸）や赤米や黒米に見られるポリフェノール，フィチン，イノシトール，γオリザノールなどが知られているにすぎない．これらの機能性成分は，胚やアリューロン層のみに局在しており，可食部の胚乳中にはほとんど含まれていない．したがって，これら成分の利用に当たっては，精米後の糠より抽出・精製して利用されている．ちなみに，γオリザノールは酸化防止剤として食品添加物，高脂血症や更年期障害に対する医薬品，そして化粧品（紫外線吸収作用など）としてさまざまに利用されている．またフィチンは免疫力増強，抗ガン作用，イノシトールは脂肪肝•肝硬変などの予防，血中コレステロール減少作用，動脈硬化の予防など医薬品材料としての利用が図られている．今後新規の機能性を可食部である胚乳に付与する場合には，遺伝子組換え手法による新規健康機能性成分を導入せざるを得ない．すなわち多様な生物より有用な機能性成分を探索し，それら遺伝子を単離後，コメの可食部である胚乳中に発現•集積を行うというプロセスを経る必要がある．

健康機能性成分を付与する方法は，二つに大別できる．一つは生理活性ペプチドや機能性タンパク質また病原菌やアレルゲンなどの抗原を直接可食部に発現・集積させることである．もう一方は，代謝産物が機能性を有していることから，機能性のある代謝産物を代謝工学的手法で可食部に蓄積させることである．この場合，律速になっている酵素や目的の代謝産物を合成するために必要な新規酵素遺伝子を付加したり，発現を高めたりといった手法で，機能性のある代謝産物を可食部に蓄積を図ることになる．

## 3．健康機能性ペプチドやタンパク質を導入した新健康機能性米

### （1）生理活性ペプチドの利用

食品には食べて胃や腸で消化され，小腸で吸収される10アミノ酸残基以下の小さなペプチドになった時に，機能性を発揮する数多くの生理活性ペプチドが明らかになっている．こうしたペプチドはコレステロール値低下作用や，高血圧低下作用，免疫賦活作用，抗菌活性，抗酸化作用，学習能など多様な機能をもっていることが明らかにされてきた（吉川，1997）．これら機能性ペプチドの利点は，内因性のペプチドホルモンのように低濃度で生物活性は高くないが，小さいサイズであるがゆえ，生体内の消化酵素に耐性があり，小腸から吸収されやすいという特徴を有している．また食品由来であることから，導入遺伝子に対する抵抗感も比較的少ない．しかし本来の状態で

は生理活性が弱いため，機能性成分の効果を発揮させるには，これらの機能性成分を含む食品を多量に摂取しなければならない．この欠点を補う方法として，一つには，一部アミノ酸配列を置換し，より高機能化することがある．たとえば卵白アルブミンのキモトリプシン処理から派生するオボキニンとよばれる 6 アミノ酸からなる生理活性ペプチド（RADHPF）は，血管を広げることで特異的な血圧降下作用を持っているが，その効果を発揮させるには，卵白アルブミンを 2 g/ kg 体重程度を摂取しなければならない．これは生卵数 10 個を一気に食べることに相当し，普段の食生活ではとうてい不可能である．しかしわずか数個のアミノ酸を置換するだけで，100 倍以上に高機能化できることが報告されている（Yamada *et al.*, 2002）．次に問題になるのは，こうした低分子量の機能性ペプチドをどのように食品中に発現・集積させるかという点である．ほとんどの場合，50 アミノ酸残基以下の低分子量の機能性ペプチドは直接発現させると，蓄積は見られない（高岩・保田，2004）．我々はこうした低分子量の機能性ペプチドを集積させる方法として，貯蔵タンパク質の中に組み込み，貯蔵タンパク質の一部として発現・集積させる方法を開発している（図 2.1）．この方法を用いて，上記のオボキニンペプチドを改変したペプチド（RPLKPW）をイネの主要な貯蔵タンパク質であるグル

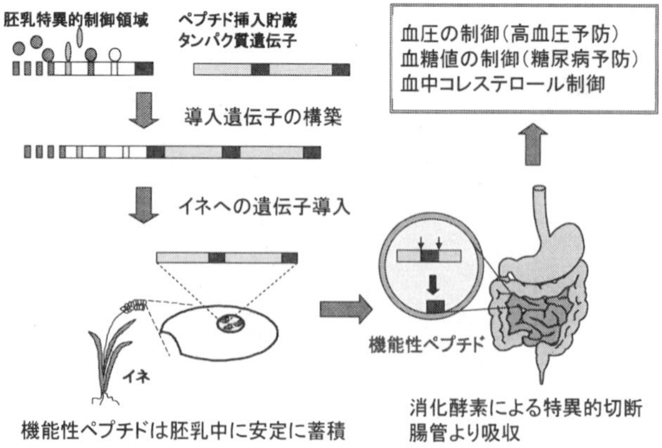


図 2.1　機能性ペプチドの安定的な蓄積手法と経口摂取後の体内への取り込み

テリンの酸性サブユニットや塩基性サブユニットの可変領域に挿入した．この貯蔵タンパク質への挿入には，小腸で効率的に貯蔵タンパク質から切り出され，小腸から吸収・血中に取り込まれるようにする必要がある．そこでトリプシンの切断認識配列をペプチドの両末端に付加した．現在，1 個のグルテリンに 4～5 個の改変オボキニンを挿入した改変グルテリンを種子タンパク質当たり約 10 %程度蓄積させた遺伝子組換えイネの作出に成功している．そこで，この組換え米よりグルテリン分画を抽出し，高血圧ラットに経口投与したところ濃度依存的に血圧降下が見られた．さらにこのコメを粉末にし直接ラットに経口投与しても，有意な血圧降下作用が見られた．この実験結果は，機能性ペプチドを高機能化でき，この高機能化したペプチドを種子中で高度蓄積させることができれば，新規の機能性食品を開発できることを示しており，新しい機能性食品開発として利用できる可能性を示している．

### （2）内在性生理活性ペプチドの利用

糖尿病患者は現在日本で約 750 万人いるが，90 %以上が膵臓からのインスリンの分泌の悪くなったⅡ 型糖尿病であることが報告されている．そこで，我々はこうしたインスリン分泌能の低下している糖尿病患者の食後の過血糖の是正，また耐糖能異常を示す血糖病予備軍の血糖の調節を目的に，血

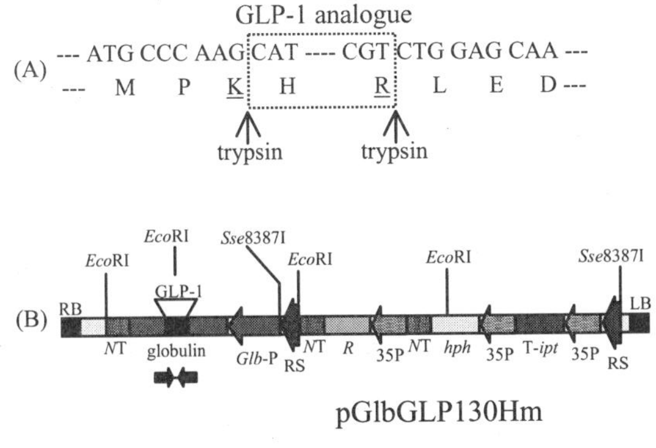


図 2.2　遺伝子導入に用いたベクター

中の血糖値に依存してインスリン分泌を促進する作用を有する，ヒトの内在性生理活性ペプチドグルカゴン様ペプチド（GLP-1）を胚乳中に集積させたイネの開発を進めている（Sugita *et al.*, 2005）．GLP-1は30個のアミノ酸残基から構成されており，この配列中にはトリプシンによる認識サイトも存在するので，生理活性を失わないようにトリプシン耐性のアミノ酸へ置換を行う必要がある．この改変GLP-1ペプチドを改変オボキニンと同様にグルテリンの酸性サブユニットの可変部やグロブリンの可変部に挿入し，これら貯蔵タンパク質の一部として種子中に集積させた（図2.2, 2.3）．

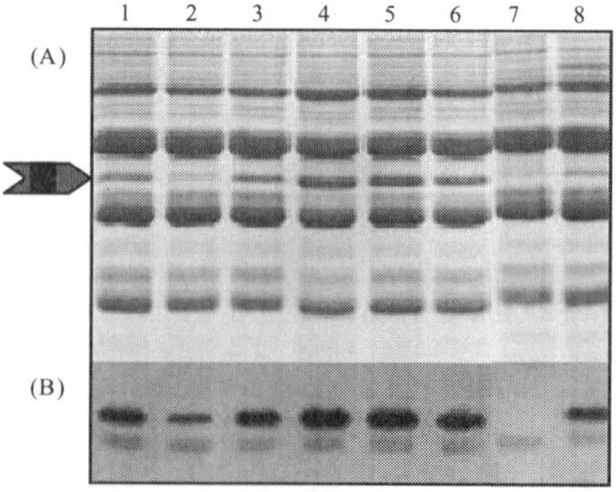

図2.3　GLP-1を含むグロブリンの蓄積

現在，GLP-1を種子タンパク質あたり3％程度と高度に蓄積させたマーカーフリー高GLP-1集積遺伝子組換えイネの開発に成功している．このGLP-1集積コメから抽出した粗抽出液をトリプシン処理しGLP-1を切り出し，すい臓ランゲルハンス島のβ細胞を用いた *in vitro* アッセイで調べたところ，インスリン分泌促進活性が認められた．しかし貯蔵タンパク質の一部として発現させたGLP-1集積米を，マウスに経口投与しても有意な血糖値効果降下は見られなかった．そこで，GLP-1を直列状に連結して，GLP-1を単独で発現させることを進めた．その結果，複数個直列に連結することで，GLP-1の高度蓄積が可能になり，こうした高発現米をマウスに経口投与することで，有意な血糖値降下作用が示された．

### （3）機能性タンパク質

ダイズタンパク質には血清コレステロール値を下げる生理機能が広く知られており特定保健用食品として認定されている．最近，ダイズタンパク質の

４割を占めるβ-コングリシニンは中性脂肪の低減効果を示す有効成分として注目されている．そこで我々はこれらのダイズ貯蔵タンパク質をコメ胚乳中に特異的に高度に蓄積させたイネの開発を進めている．ダイズの主要な貯蔵タンパク質である11 Sグロブリンのグリシニンおよび7 Sグロブリンのβ-コングリシニンのcDNAをイネの胚乳特異的プロモーターに連結し，イネに遺伝子導入した．これらダイズ貯蔵タンパク質は種子の胚乳組織特異的に発現し小胞体，ゴルジ体を経由してイネの主要な貯蔵タンパク質グルテリンの蓄積しているタンパク質顆粒 II に特異的に蓄積していた（Katsube *et al.*, 1999）．ダイズ貯蔵タンパク質のグリシニンの場合，種子中ではグリシニン本来がもつ6量体の形成が観察された．また一部はイネの主要な貯蔵タンパク質のグルテリンがグリシニンと会合し，多量体の形成が見られた．グリシニンのイネ種子への蓄積レベルは，貯蔵タンパク質の少なくなった突然変異体（LGC-1やa-1, 2, 3）への導入や，2種類のグリシニンの導入により，イネ種子タンパク質当たり20％程度まで蓄積を高めることができる（Tada *et al.*, 2003）．一方，β-コングリシニンの導入に関しては，種子タンパク質当たり約3～8％程度された系統が作出されている（内海私信）．

鉄はミネラルの中で最も重要な栄養素である．食事に含まれる鉄不足は発展途上国のみならず先進国でも問題になっており，子供や女性を中心に2億人の人々が貧血で苦しんでいる．そこで南アジアを中心に多くの発展途上国の主食である米成分に鉄分を強化したイネの開発を進めた．方法として微生物から動植物まですべての生物に存在する鉄貯蔵タンパク質であるフェリチンを種子中に貯める事で鉄分子を高めることをねらった．ダイズのフェリチン遺伝子を胚乳特異的プロモーターグルテリンやグロブリンプロモーターで胚乳中に高度発現させイネを作出した．高フェリチン発現米では非形質転換イネの種子（14 μg/ gDW）に比較して鉄含量は2～3倍（36～38 μg/ gDW）に高まることが示された（Goto *et al.*, 1999；Qu *et al.*, 2005）．このフェリチンの結合した鉄の有効性に関しては，フェリチン米のラットへの給餌試験で結合した形でも鉄イオンとして不足を補強できることが明らかになっている（Murray-Kolb *et al.*, 2002）．鉄の生体内への吸収を高めるため鉄と結合しやすいフィチン成分を低下させるためフュターゼを種子中に共発現させたイネも開発されている（Lucca *et al.*, 2001）．なおフェリチンを種子中に高度に蓄積させることで，鉄のみならず亜鉛も高まることが報告されている（Vasconcelos *et al.*, 2003）．

一方，感染防御機能のあるヒト母乳由来のラクトフェリンやリゾチームを胚乳中に集積されたコメも開発されている．特にラクトフェリンは抗ガン作用があり，抗菌や抗ウイルス活性，免疫系の賦活が確認されている．さらにラクトフェリンは，胃液で消化されるとラクトフェリシンというきわめて抗菌活性のあるペプチドが遊離されてくる．ラクトフェリンやリゾチーム遺伝子を胚乳特異的グルテリンプロモーターで発現させたイネ種子には，ヒトのラクトフェリンが種子重量当たり 0.5 %，可溶性タンパク質の 25 %のレベルまで蓄積していた（Nandi *et al.*, 2002）．イネ種子で生産されたヒトラクトフェリンは糖鎖修飾以外まったく同じであることが明らかになっている．同様にヒトのリゾチームを蓄積させた形質転換イネも開発されており，種子重量の 0.6 %，可溶性タンパク質の 45 %の発現が見られた（Huang *et al.*, 2002）．ラクトフェリンやリゾチームを産生するイネはアメリカでは一般圃場での栽培段階まで進んでいる（Nandi *et al.*, 2005）．

## 4. アレルギー緩和機能などを有する“食べるワクチン米”の開発

生活環境や食生活などの変化から近年，鼻炎や喘息，アトピー性皮膚炎などアレルギーに苦しむ患者が増えている．花粉症の患者は国民の約 20 %（2,300 万人），予備軍も 50～60 %と，今後ますます患者数が増加すると予想される．アレルギーの治療は抗ヒスタミン剤やステロイド剤などの薬物による対症療法が一般的である．唯一の根治的治療法はアレルギーを引き起こす抗原タンパク質を皮下注射で接種し，少ない量から次第に量を高めていき，慣らすことで花粉症をおこしにくい体質にする減感作療法である．しかし治療に 2～3 年の通院が必要なこと，アナフィラキシーショックによる副作用や注射による苦痛からあまり利用されていない．

そこでより安全に，しかも簡単で効果的に，アレルギー疾患の治療を可能にする，抗原タンパク質から由来するT細胞エピトープを利用した第2世代のペプチド免疫療法が注目されている．この方法は従来の減感作療法と違い，IgE抗体との結合がないことから，大量の投与が可能であり，安全かつ短期間に治療できるという特徴をもっている．ペプチド免疫療法におけるT細胞エピトープペプチドの投与には，注射および経口による方法が考えられる．経口投与は注射より安全であるが，消化酵素により分解されてしまうことから注射より多量のペプチドの投与が必要になる．経口投与の場合，腸管免疫システムによる抗原特異的Th 2細胞の不反応や欠失また制御性T細胞（Tr 1やTh 3）の活性化により，免疫寛容が誘導されてくる．我々はT細胞エピトープペプチドをイネ種子中に蓄積させ，種子を介して（経口摂取）免疫寛容の誘導し，アレルギー治療への有効性を検討している．まず主要なスギ花粉抗原であるCry j 1およびCry j 2抗原タンパク質由来の7個のヒトT細胞エピトープを連結したハイブリットペプチド（7 Crp）をコードした遺伝子を人工合成し，胚乳特異的グルテリンプロモーターに連結して，イネ核ゲノムに遺伝子導入を行った．胚乳組織中への7 Crpペプチドの蓄積を高める

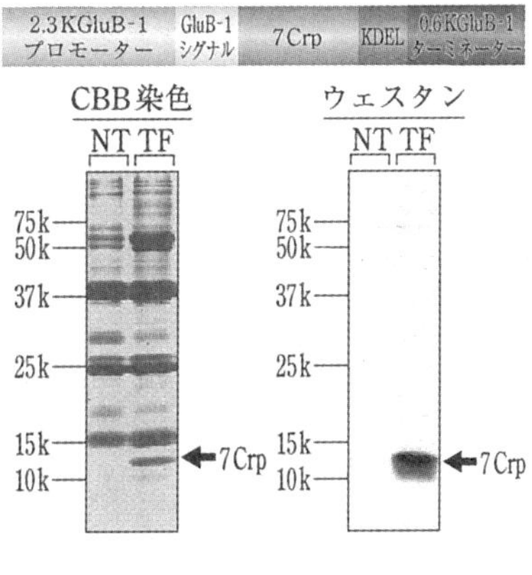


図 2.4　7 Crpの発現に用いたベクターと種子中での蓄積

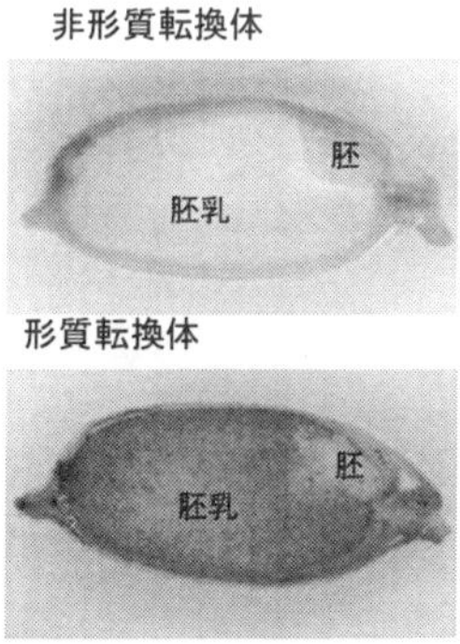


図 2.5　胚乳特異的な蓄積

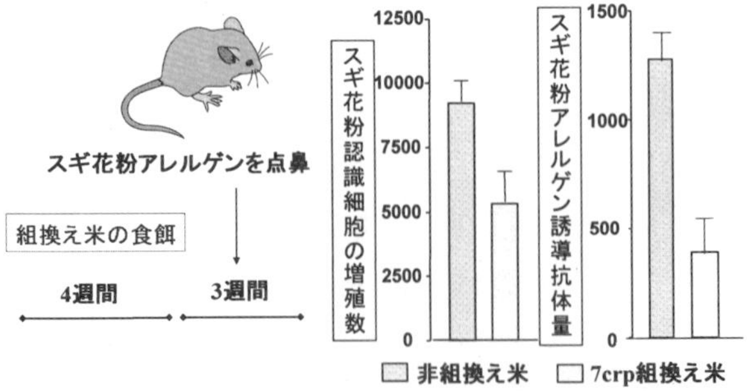


図 2.6　7 Crp 米のマウスへの経口投与による免疫寛容の誘導

ため，N 末端にはグルテリンのシグナル配列を，C 末端には KDEL の小胞体係留シグナルを付加した．作出した系統について 7 Crp ペプチドの完熟種子中の発現量について調べたところ，1 粒当たり最大で約 60 μg 蓄積していた．この蓄積量はコメ種子タンパク質の 3～4 % であった（図 2.4）．また 7 Crp ペプチドはコメの胚乳中に特異的に蓄積しており，胚や頴，葉や茎などでの蓄積はまったく見られなかった（図 2.5）．こうして開発したコメは食事を通じて一定期間食べることで，経口免疫寛容の原理によりアレルギー症状を緩和できる可能性がある．7 個のエピトープの中 1 個を認識できるマウスでのモデル実験では，エピトープペプチドを蓄積させたコメを 1 カ月間毎日食べさせておき，次に花粉抗原（Cry j 1）で 1 日おきに 7 回経鼻感作すると，IgE 抗体の産生が 1/3 程度に低下し，免疫寛容が誘導されることが示された（図 2.6）（Takagi *et al.*, 2005a）.

さて，T 細胞エピトープペプチドを蓄積させたコメを経口投与させることで，どのようなメカニズムにより免疫寛容が誘導されるのか，マウスモデルで調べた（Takagi *et al.*, 2005b）．まずスギ花粉抗原に由来するマウス特異的な T 細胞エピトープペプチドを蓄積させたコメを作出した．T 細胞エピトープの導入は貯蔵タンパク質グルテリンの酸性および塩基性サブユニット C 末端の可変領域に挿入し，貯蔵タンパク質の一部としてコメに蓄積させた．このマウス T 細胞エピトープを蓄積させたコメをマウスに経口摂取させたところ，Th 2 型の T 細胞の反応性が低下し，IL 4 や IL 13 といったアレルギー特異的なサイトカインの産生量が低下した．こうしたサイトカイニンは IgE 抗体への産生に係わる B 細胞のクラススイッチの低下を招き，IgE の産生量の低下を誘導した．IgE 産生の低下の結果，肥満細胞に結合する IgE が低下し，花粉抗原の IgE 抗体への結合の結果から生じる IgE 受容体の架橋により肥満細胞の脱粒化の割合も減った．こうした一連の免疫反応の結果，脱粒化に伴い放出されるヒスタミンなどの化学伝達物質が減り，花粉症症状の典型的な病徴であるくしゃみの数も減った．したがって，経口粘膜寛容の原理に基づき各種アレルギーの抗原を蓄積させたコメを作出し，食べるワクチンとして利用すれば，スギ花粉症のみならず他の多くのアレルギー症状の緩和にも利用できる可能性が高い．

さらに，病原性のあるバクテリアやウイルスの抗原そのものを可食部で発現させ，食べることでこれら抗原に対して IgA や IgG などの中和抗体の産生が誘導されたり（能動免疫），病原菌やウイルスの抗原に対するヒト抗体を種子中で発現・集積させることで，受動免疫の原理で感染を防御するといった食べるワクチンとしての組換え米の利用も積極的に進められている．食べるワクチンの開発例として，コレラ毒素ワクチン（CT）が上げられる．コレラ毒素は毒性のある A サブユニットと 5 量体を形成する B サブユニットから構成されている．そこで CTB をコードする遺伝子をイネ種子で最適化したコドンを用いて作成し，グルテリンプロモーターおよび *GluB-1* シグナルペプチドに連結し，このプロモーター制御下で発現させた．イネ種子で発現させるときわめて高度に CTB が蓄積された．この CTB 産生米を経口投与すると，コレラ毒素に対する IgA や IgG 抗体が産生され，さらにコレラに特徴的な腸からの脱水症状も緩和され，抗コレラ毒素ワクチンとして機能することが示されてきた．

コメの内在の主要な食物抗原タンパク質として 16 kD や 33 kD のアルブミンや 26 kG のグロブリンが同定されている．16 kD のアルブミン抗原タンパク質の蓄積を抑えるためにアンチセンス DNA が導入され，この抗原タンパク質の低下した組変え米が開発された（Tada *et al.*, 1996）．

## 5．代謝工学的手法を用いた健康機能性米

代謝工学的アプローチから機能性を高める手法は，ポストゲノム研究として最も注目すべき分野の一つである．マイクロアレー技術により，目的産物を発現させた可食部で，どの代謝ステップが律速になっているか，欠失しているのか明らかにすることができる．またメタボローム研究も発展が期待されており，代謝産物の大量解析も進むことが予想される．さらに，多くの生物のゲノム解析が進む中で，外来の代謝酵素遺伝子を同定・導入することも容易である．そこでこうした情報，手法を用いることで代謝過程を付加したり，補強することで，本来発現していない組織に目的の代謝産物を任意に蓄積させることが可能になってきた．

代謝工学の手法を用いた機能性の改善の例として，ビタミンAの補強を目的にしたゴールデンライスがある．ビタミンAの不足は発展途上国では失明や免疫機能の低下からはしかのような日常伝染病への感染リスクが高まる結果的に死亡リスクを高める要因になっている．そこでこうした発展途上国の主食であるコメにビタミンAを蓄積させ，代替的摂取源として利用するという研究が進められてきた．コメ胚乳では発現されていないゲラニルゲラニル2リン酸からβカロチンに至る3段階に関わる代謝遺伝子（水仙由来のフィトエン合成酵素とリコペン環状化酵素，バクテリア由来のフィトエン不飽和酵素）を導入・発現させることでプロビタミンA（βカロチン）の蓄積されたゴールデンライスが開発されている（Ye *et al.*, 2001）．最近，ゴールデンライス作出に用いていたラッパ水仙由来のフィトエン合成酵素遺伝子を，トウモロコシ由来の遺伝子に換えることにより，従来のものに比較して23倍プロビタミンAのレベル（最大37 μg/g）が高まった“ゴールデンライス2”が開発された（Paine *et al.*, 2005）．

疲労回復や老化防止などの機能を有するCoQ 10や体脂肪低下，肥満防止や抗ガン機能を有する共役脂肪酸をコメ中に蓄積させる組換えイネの開発も進められている．CoQ 10はミトコンドリア内の電子伝達系におけるエネルギー生産および抗酸化の機能に係わっており，ミトコンドリアの存在と密接

に関係している．一方，コメ中に新規な機能性のある脂肪酸を付与したり，特定の脂肪酸を蓄積させる場合には，前駆体となるべき脂肪酸を多く含む組織で発現させる必要がある．したがって，こうした機能の付与には種子中で発現させようとする場合，ミトコンドリアが多く，脂肪酸の蓄積部位である胚やアリューロン組織に限定されてしまう．CoQ 10 のイネの蓄積には，本来イネはイソプレノイド側鎖長 9 単位の CoQ 9 であるので，CoQ 9 から CoQ 10 を作るプレニル 2 リン酸合成酵素遺伝子をグルコン酸菌より単離し，これにミトコンドリアへの輸送を可能にするトランジットシグナルを付加したキメラ遺伝子をイネの核ゲノムに導入し発現させた．その結果，CoQ 10 が新規に蓄積されるようになり，本来もっている CoQ 9 は低下した．玄米での蓄積レベルを調べたところ，非形質転換イネの 16～18 倍高まっていた（高橋・門脇，2005）．

一方，共役脂肪酸が抗肥満，抗ガン，抗動脈硬化作用など幅広い作用を有していることから，リノール酸を不飽和化する酵素を種子で発現させ，機能性共役脂肪酸を蓄積されたコメの開発も進められている．共役脂肪酸には腸内の嫌気性細菌が有するジエン型と，ザクロやキカラスウリなどある種の植物の種に含まれるトリエン型共役脂肪酸が存在する．そこで，これら共役脂肪酸合成に係わるイソメラーゼやコンジュゲース遺伝子を嫌気性細菌や共役脂肪酸を蓄積する植物の種子より単離し，胚特異的プロモーター（オレオシンプロモーターや胚グロブリンプロモーター）で発現させた結果，種子中の脂肪酸中で数 3 ％程度，目的のこうした共役脂肪酸が蓄積していた（今村私信）．

発芽胚中で蓄積が高まるγ－アミノ酪酸（GABA）は血圧降下作用や能機能改善効果などが報告されてきた．GABA を豊富に含む発芽玄米は機能性食品として市販化されている．しかし，GABA は胚やアリューロン組織に含まれているため玄米の形で摂取しなければ機能性がないことから，胚乳中への GABA の蓄積が望まれていた．そこで GABA の蓄積に関与するグルタミン酸脱炭酸酵素（GADO 酵素）の一部を改変し，フィードバック制御がかからないように改変した．改変 GADO 酵素遺伝子を胚乳特異的プロモー

表 2.1　健康機能性を付与した組換えイネの開発現状

| 付与した機能 | 導入遺伝子 | 文献 |
|---|---|---|
| アミノ酸レベルの増強 | | |
| リジン | 改変 tRNA (Lys) | Wu *et al.* (2003) |
| | DHPS 変異酵素 | Lee *et al.* (2001) |
| メチオニン | 2 S アルブミン | Lee *et al.* (2003) |
| トリプトファン | Oasa 1 変異酵素 | Tozawa *et al.* (2001) |
| ビタミンA（βカロチン）増強 | | |
| | フィトエン合成酵素＋ | Ye *et al.* (2000) |
| | リコペン環状化酵素＋ | Datta *et al.* (2003) |
| | フィトエン不飽和酵素 | Paine *et al.* (2005) |
| ミネラルの増強 | | |
| （貧血予防） | フェリチン | Goto *et al.* (1999) |
| | | Lucca *et al.* (2001) |
| | | Vasconcelos *et al.* (2003) |
| | | Qu *et al.* (2005) |
| 感染症予防 | | |
| | ラクトフェリン | Nandi *et al.* (2002) |
| | | Nandi *et al.* (2005) |
| | リゾチーム | Huang *et al.* (2002) |
| ミネラルの吸収性 | | |
| | フィターゼ＋ | Lucca *et al.* (2001) |
| | メタロチオネイン | |
| 血清コレステロール値低下 | | |
| | ダイズグリシニン | Katsube *et al.* (1999) |
| | ラクトスタチン | Wakasa *et al.* (2005) |
| 中性脂肪低下 | | |
| | ダイズβ-コングリシニン | Utsumi *et al.* (in preparation) |
| 糖尿病予防 | | |
| | GLP-1 | Sugita *et al.* (2005) |
| 高血圧予防 | | |
| | 改変オボキニン | Yang *et al.* (2006) |
| | GAD 変異酵素 | Akama *et al.* (in preparation) |
| 老化防止 | | |
| | プレニル2リン酸合成酵素 | Takahashi *et al.* (2006) |
| 肥満・内臓脂肪低下 | | |
| | プニカ酸合成酵素 | Kawano *et al.* (in preparation) |
| | イソメラーゼ | Imamura *et al.* (in preparation) |
| アレルギー緩和 | | |
| 花粉アレルギー | 7 Crp ペプチド | Takagi *et al.* (2005) |
| 通年性アレルギー | ダニ抗原 | Suzuki *et al.* (in preparation) |
| 米食物アレルギー | 16 kD アレルゲン | Tada *et al.* (1996) |

ターであるグルテリン *GluB-1* プロモーターで発現させた結果，胚乳組織へのGABAの高度蓄積が見られるようになった（赤間私信）．またコメの制限アミノ酸であるリジンやトリプトファンを高めるため，フィードバック制御がかからないように改変したキー酵素であるDHPS酵素（Lee *et al.*, 2001）やアントラルニル酸合成酵素遺伝子（Tozawa *et al.*, 2001）を発現させることで，必須アミノ酸のリジンやトリプトファンの遊離アミノ酸を高度に高めた種子が作出されている．さらに脂肪酸組成の改変では代謝過程をアンチセンスやRNA干渉法で阻害し，中間代謝産物を高めたものも作出されている．ω-6不飽和化酵素遺伝子をRNA干渉法で阻害した結果，種子中の約70％がオレイン酸になること，ω-3不飽和化酵素を過剰発現させるとα-リノレン酸を非改質転換米の２％から20％以上に増加させることが可能になる（Anai *et al.*, 2003）．今後，ビタミンＥやＣまた骨粗しょう症に効果の期待できるマメのイソフラボンや抗酸化作用を通じて抗ガン効果の期待できるポリフェノールやフラボノイドを高めた遺伝子組換え米の開発も進むと期待される（表2.1）．

## 6．おわりに

種子は健康機能性成分を集積させる部位として優れた組織である（高岩・多田，2002）．まず他の組織で発現させるとほとんど蓄積されない外来遺伝子産物でも種子で発現させると蓄積が見られることが多く，集積量も高い．種子に蓄積させた機能性成分は室温で１年以上放置しても安定であり，貯蔵や輸送といった取り扱いも他の組織より容易である．また精製することなく機能性成分の強化されたコメを炊飯してそのまま食べることができる利点も大きい．さらに，ヒトに感染するウイルスやプリオンなどの混入は皆無であり，安全性にも優れている．そしてなによりも高機能性成分の付与されたコメは世代を重ねるごとに大量に増殖でき，最終的にはまったく普通のコメと同じ価格で生産できる点である．また単位面積当たりの種子生産量に関しても他のコムギやオオムギなどの穀類より優れていることである．さらに基本的に自家受粉であることから，一定の隔離距離をおいて栽培や開花時期を変えることで，トウモロコシのような風媒花の作物と比較して，遺伝子組換えと非組変えの普通栽培種のイネ間の花粉飛散による交雑を容易に防ぐことが可能になる．またイネにおいては他の穀類と比較して形質転換技術が進んでおり，目的の遺伝子のみを導入することのできるマーカーフリーの組換え体作出技術もできている（Endo *et al.*, 2002）．

コメは日本で自給可能な数少ない農作物の一つである．しかし農作物のグローバル化が進む中で，コメの貿易の自由化も避けて通ることのできない状況になっている．今後，より安価なコメの輸入が増えてくることから，日本で生産されるコメの生き残りのためには，高機能化による高付加価値化は避けて通ることのできない理にかなった方向である．我々が開発を進めている健康機能性米はきわめて付加価値の高いものであり，現在開発が進められている健康機能性米を実用化できれば，需要は確実に増えることが期待される．さらに健康機能性米は少子高齢化が急速に進行する中で，病気の予防や健康の維持・増進を通じて多くの人々が質の高い生活，さらに重篤な病気による高度医療をなるべく必要としない生活（健康寿命）をおくることを可能にするために，予防医療の中で役立てることができると確信している．ヒトのゲノム研究が進むなかで，各個人がどのような病気になりやすいかなど遺伝子診断が確実に進み，21 世紀はテーラーメイド医療が国民の生活の中で浸透するようになる．こうした医療システムの変革のなかで，テーラーメイド食品として，より科学的証拠のある機能性を持つ食品を提供できれば，現在問題となっている生活習慣病やアレルギー疾患を確実に予防できるようになり，医療費の削減にも貢献できる．したがって，現時点では消費者による遺伝子組換え作物に対する抵抗感が強く実用化が困難であっても，遺伝子組換え技術を利用した高付加価値のある健康機能性米を積極的に開発する必要がある．近い将来，輸出も可能なブランド米として日本農業の発展に貢献できるのではないだろうか．

## 引用文献

Anai, T., M. Koga, H. Tanaka, T. Kinoshita, S.M. Rahman, Y. Takagi 2003. Improvement of rice ( *Oryza sativa* L) seed oil quality through introduction of a soybean microsomal omega-3 fatty acid desaturase gene. Plant Cell Report. 21 : 988-992.

Endo, S., K. Sugita, M. Sakai, H. Tanaka and H. Ebinuma 2002. Single-step transformation for generating maker-free transgenic rice using the ipt-type MAT vector system. Plant J. 30 : 115-122.

Goto F, T., Yoshihara, N., Shigemoto, S., Toki and F. Takaiwa 1999. iron fortification of rice seed by the soybean ferritin gene. Nat. Biotech. 17 : 282-286.

Huang, J., S. Nandi, L. Wu, D. Yalda, G. Bartley, R. Radriguez, B, Lonnerdal and N. Huang 2002. Expression of natural antimicrobial human lysozyme in rice grains. Mol. Breed. 10 : 83-94.

Katsube, T, N. Kurisaka, M. Ogawa, N. Maruyama, R. Otsuka, S. Utsumi and F. Takaiwa, 1999. Accumulation of soybean glycinin and its assembly with the glutelins in rice. Plant Physiol. 120 : 1063-1073.

Lee, H.J., H.U. Kim, Y.H. Lee, S.C. Suh, Y.P. Lim, H.Y. Lee and H.I. Kim 2001. Constitutive and seed-specific expression of a maize lysine-feedback-insensive dihydropicolinate synthase gene leads to increased free lysine levels in rice seeds. Mol. Breed. 8 : 75-84.

Lucca, P., R. Hurrel and I. Potrykus 2001. Genetic engineering approaches to improve the bioavailability and the level of iron in the rice grains. Theor. Appl. Genet. 102 : 392-397.

Murray-Kolb, L.E., F. Takaiwa, F. Goto, T. Yoshihara, E.C. Theil and J.L. Beard 2002. Transgenic rice is a source of iron for iron-depleted rats. J. Nutr. 132 : 957-960.

Nandi, S., A. Suzuki, J. Huang, D. Yalda, P. Pham, L. Wu, G. Bartlcy, N. Huang and B. Lonnerdal, 2002. Expression of human lactoferrin in transgenic rice grains for the application in infant formula. Plant Sci. 163 : 713-722.

Nandi, S., D. Yalda, S. Lu, Z. Nikolov, R. Misaki, K. Fujiyama and N. Huang 2005. Process development and economic evaluation of recombinant human lactoferin expressed in rice grain. Trasgenic Res. 14 : 237-249.

Paine, J.A., C.A. Shipton, S. Chaggar, R.M. Howells, M.J. Kennegy, G. Vernon, S.Y. Wright, E. Hinchliffe, J.L. Adams, A.L. Silverstone and R. Drake 2005. Improving the nutritional value of golden rice through increased pro-vitamin A content. Nature Biotech. 23 : 482-487.

Qu, L.Q., T. Yoshihara, A. Ooyama, F. Goto and F. Takaiwa 2005. Iron accumulation does not parallel the high expression level of ferritin in transgenic rice seeds. Planta

Sugita, K. S. Endo-Kasahara, Y. Tada, L. Yang, H. Yasuda, Y. Hayashi, T. Jomori, H. Ebinuma, F. Takaiwa 2005. FEBS Lett. 579 : 1085 -1088.

Tada, Y., M. Nakase, T. Adachi, R. Nakamura, H. Shimada, M. Takahashi, T. Fujimura and T. Matsuda 1996. Reduction of 14-16 kDa allergenic proteins in transgenic rice plants by antisense gene. FEBS Lett 391 : 341-345.

Tada, Y., S. Utsumi and F. Takaiwa 2003. Foreign gne products can be enhanced by introduction into low storage protein mutants. Plant Biotech. J. 1 : 411-422

高岩文雄・多田欣史 2002, 種子を利用した組換えタンパク質生産システムの開発 育種学研究 4 : 33-42.

高岩文雄・保田　浩 2004, 植物生命科学が創る機能性食品 化学と生物 42 : 739-746

高橋咲子・門脇光一 2005, コエンザイムQ10強化米の作出 食品工業 48 : 29-33.

Takagi, H., S. Saito, L. Yang, S. Nagasaka, N. Nishizawa and F. Takaiw 2005 a. Oral immunotherapy against a pollen allergy using seed-based peptide vaccine. Plant Biotech. J. 3 : 521-533.

Takagi H, T. Hiroi, L. Yang, Y. Tada, Y. Yuki, K. Takamura, R. Ishimitsu, H. Kawauchi, H. Kiyono and F. Takaiwa 2005 b. A rice-based edible vaccine expressing multiple T cell epiotopes induces oral tolerance for inhibition of Th2-mediated IgE responses. Proc. Natl. Acad. Sci. 48 : 17525-17530.

Tozawa Y, H. Hasegawa, T. Terakawa and K. Wakasa 2001. Characterization of rice anthranilate synthase alpha-subunit genes OASA1 and OASA2 : tryptophan accumulation in transgenic rice expressing mutant of Oasa1. Plant Physiol. 126 : 1493-1506.

Vasconcelos, M., K. Datta, N. Oliva, M. Khalekuzzaman, L. Torrizo, S. Krishnan, M. Oliveira, F. Goto and S.K. Datta 2003. Enhanced iron and zinc accumulation in transgenic rice with the ferritin gene. Plant Sci. 164 : 371-378.

Yamada, Y., N. Matoba, H. Usui, K. Onishi and M. Yoshikawa 2002. Biosci. Biotechnol. Biochem. 65 : 1213-1217.

Ye, X.D., S. Al-Babili, A. Kloti, J. Zhang, P. Lucca, P. Beyer and I. Potrykus 2000. Engineering the provitamin A (β-carotene) biosynthetic pathway into (carotenoid-free) rice endosperm. Science. 287 : 303-305.

吉川正明 1997, 食品および一般タンパク質から派生する生理活性ペプチド 科学と工業 71 : 310-316.

# 第2編
# 遺伝子組換え作物の圃場試験と生態系への影響

遺伝子組換え作物の研究はなぜ危険だといわれているのだろうか．屋内隔離施設での実験栽培と野外圃場での事業規模栽培とでは生産管理にどのような違いがあるのか？ 生態系撹乱のリスクは？ 遺伝子組換え作物研究において忘れてはならない問題について考えてみよう．

# 第3章
# 作物の生産性研究と遺伝子組換え作物の圃場試験

大杉　立
東京大学大学院農学生命科学研究科

## 1．はじめに

2050年には地球人口は90億人に達すると予想され，また，すでに飢餓人口は8億人を越えている．このような地球人口を養うためには食料生産の増大が急務の課題である．一方，地球温暖化・水質汚染など地球環境の悪化も懸念されており，窒素，メタンガスなど農業生産の場で発生する原因物質の削減も重要な課題である．持続可能な生活を実現するためには，このような，人口，環境，食料問題をバランス良く解決する道を目指すことが求められている．

これまでの食料生産は作物の生産性の向上と栽培面積の拡大によってもたらされてきた．このうち，作物の生産性の向上は優良品種の開発，栽培技術の高度化などによって達成されてきた．一方，栽培面積については，一部で拡大傾向は続いているものの世界全体としては頭打ちになっている．今後は，環境保全，工業用地・住宅地の増大などの面から栽培面積の拡大が期待できない．また，灌漑設備の利用は作物生産に重要であるが，他産業の発展，都市化などで農業に利用できる水の量にも限りが見えてきている．このような状況では，食料生産の増大は作物の生産性の向上に期待されるところが大きい．

最近の遺伝子・ゲノム研究の進展によって，作物の生産性に関する研究も遺伝子との関連で行われる例が増えている．本稿では，作物の生産性研究における新たな展開を紹介するとともに，作物学の立場からみた生産性研究の今後の方向について，遺伝子組換え作物の利用の面から考えてみたい．

## 2．作物の生産性に関する作物学的アプローチ

ここでいう生産性とは，主に作物を群落状態で栽培した場合の単位土地面積当たりの生産量の多さ，すなわち収量のことを指す．実際に田畑で栽培されている作物の生産性は，二つの要因によって決定される（図 3.1）．一つは，作物自身がもっている潜在的能力，すなわち，温度，光などが最適であり，かつ，肥料も十分に施用して，病害虫の影響もほとんどない条件で栽培したときの生産力であり，もう一つは，潜在的能力を減少させるさまざまなストレス（温度・光・水・養分などの非生物的ストレスと病気・害虫などの生物的ストレス）である．したがって，生産性を向上させるためには作物の潜在的能力の向上とストレスに対する抵抗性・耐性の向上が必要となる．

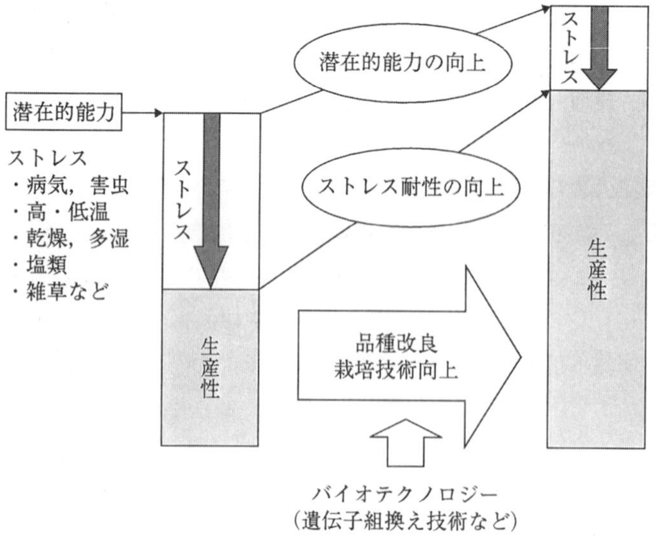


図 3.1　作物の生産性に関する模式図
（新名（2002）を改変）

これまで作物学の立場からの作物の生産性に関する研究は，作物のもつ生理・生態・形態的特性を調べることで潜在的能力の向上と高・低温，乾燥，塩類などの環境ストレスに対する耐性の向上のための要因を明らかにし，その成果を新たな栽培技術の開発や育種目標の提示に繋げてきた．

すなわち，堀江（1999）によれば，作物学の主要な課題は以下のように整理できる．

① 種・品種の生産・利用上の特性解明と改良のための形質の同定
② 環境（高・低温，乾燥，塩類，病害，虫害など），品質などに関わる形質の発現プロセスおよび遺伝子・環境の相互作用の解明
③ 生産性（収量）の成立機構と増大方法の解明
④ 新たな育種目標の提示とスクリーニング法の開発
⑤ 環境調和型および持続的作物生産方法の開発
⑥ 作物と生産に関わる知識・理論の体系化

このような生産性に関わる作物学研究の成果が育種に結びついた最近の例を紹介する．2005 年 11 月に耐倒伏性がきわめて強い飼料米向けの長稈品種「リーフスター」が農林登録された．この品種の育成に当たっては，まず，黒田ら（1989）は長稈品種の物質生産上の有利な特徴を作物学的に明らかにした．すなわち，長稈になると単位空間当たりの葉面積（葉面積密度）が小さくなり，群落内のガス拡散効率が向上する．このことによって群落内の $CO_2$ 濃度が高く維持され，個体群光合成速度が高くなり，地上部収量の増大に結びつくことを明らかにした．その一方で長稈であることは倒れやすくなるという弱点も併せもつことになる．このため，長稈かつ太く，折れにくい稈を持つ品種の育成が図られた．これらの研究は東京農工大学の作物学研究者と（独）農業・生物特定産業技術研究機構作物研究所の育種研究者の共同研究として進められ，リーフスターの育成として結実した（大川ら，2005）．

## 3．生産性研究の新たな展開

最近の遺伝子・ゲノム研究の進展はめざましく，作物の生産性に関する遺伝子も数多く単離され，その一部はすでに遺伝子組換え作物として生産現場

で利用されている．作物の潜在的能力とストレス耐性という側面から見た場合，得られている遺伝子はストレス耐性に関わるものが多い．とくに，現在商業栽培されている遺伝子組換え作物は害虫抵抗性トウモロコシ，除草剤抵抗性ダイズなど 1 個の遺伝子によって抵抗性が得られるものと両者を併せた複合抵抗性作物がほとんどである（James, 2005）．研究段階ではストレスに対する耐性に関わる遺伝子は多数単離されている．たとえば，乾燥・低温・塩類に耐性を示す複数の遺伝子を同時に制御している転写因子（DREB 1 A）が見つかっており，それらのコムギなどの作物での有効性の検討も進められている（Kasuga *et al*., 1999；2004）．

一方，作物自身の潜在的能力を高めて収量を向上させる方向での遺伝子関連研究も盛んに行われている．収量は数多くの要因が関わる複雑なプロセスで決定される．このため，収量構成要素（イネを例に取ると，単位面積当たりの穂数，1 穂穎花数，登熟歩合など），収穫指数，シンク・ソース機能などのように，収量をいくつかの関連する要因に分けてそれらの遺伝的あるいは生理・生態的決定機構を解明するというアプローチが取られている．

このように収量は多数の要因が関係し，また，それぞれの要因にも多くの遺伝子が関わる複雑な過程であるため，その原因となる遺伝子を特定することは簡単ではない．しかし，ゲノム研究で得られた DNA マーカーや遺伝子に関する多くの情報と突然変異集団や遺伝解析用の交配集団などの解析用素材を用いることで原因となる遺伝子に近づくことが可能になっている．近年その有効性が明らかになっている手法として，表現形質から迫る量的形質遺伝子座（QTL）解析がある．

QTL 解析は表現型として現れる形質の集団内の変異が自然変異であること，すなわち，遺伝子の機能は保有しているがその発現の程度に差があることに注目して，原因遺伝子に迫る方法である．QTL 解析ではまず，二つの品種の交配と得られた後代の自殖を繰り返すことでさまざまな形質について異なった表現型を示す多数の系統（マッピング集団）を作出する．これらのマッピング集団について，収量，収量構成要素などを計測し，それぞれの系統の表現型と遺伝子型の違いから統計遺伝学的手法によって染色体上の QTL

の位置と効果の程度を明らかにする．さらに，準同質系統などを利用してそれぞれの QTL 領域を絞り込み，遺伝子配列情報と照合することにより，その原因遺伝子を特定するとともに両親のどちらのアリル（対立遺伝子）が優れた形質の原因となっているかを明らかにする．

QTL 解析は，① 親となる品種の組み合わせが異なると得られる QTL が変わってくる，② 温度，水等の環境影響を受ける QTL と受けない QTL が存在する，③ 圃場に展開した多数の個体を必要とする，などの特徴があるが，これらの特徴をうまく利用することで有用かつ信頼性の高い QTL を見いだすことができる．これまでも多くの収量や関連要因に関する QTL が染色体上

表 3.1　イネの収量関連 QTL

| Trait Name | Number of QTL | Trait Name | Number of QTL |
|---|---|---|---|
| 100 - grain weight | 16 | harvest index | 20 |
| 100 - seed weight | 14 | Large vascular bundle number to spikelet number ratio | 5 |
| 1000 - grain weight | 26 | Leaf area to spikelet number ratio | 20 |
| 1000 - seed weight | 199 | panicle number | 189 |
| Biomass yield | 49 | Panicle tiller ratio | 19 |
| Brown rice yield | 2 | Panicle weight | 41 |
| Ear number | 22 | Seed number | 50 |
| Filled grain number | 125 | Seed set percent | 73 |
| Filled grain percentage | 22 | Seed weight | 58 |
| Flower number | 3 | 1 Spikelet number | 289 |
| Grain number | 170 | Spikelet weight | 3 |
| Grain yield | 54 | Total biomass yield | 22 |
| Grain yield per panicle | 93 | Yield | 20 |
| Grain yield per plant | 77 | Total | 1681 |

（Gramene（10/13/2005））

に位置づけられている(表3.1)．しかし，その原因遺伝子の単離まで行った例はまだ少ない．また，QTL解析は作物の生産性と環境との関わり合いをアリルの違いとして解明するための手法としても有効である．これらの詳細については根本・秋田(2005)を参照されたい．

## 4．遺伝子組換え作物を利用した生産性研究

遺伝子そのものの機能に着目し，その遺伝子を過剰発現，あるいは，発現抑制した遺伝子組換え作物を利用して作物の生産性に迫る研究も盛んに行われている．その場合，さまざまな代謝機能に関わるこれまでの研究成果をもとに，その代謝の制御因子に関わる遺伝子を用いるが，生産性に関してはソース・シンク機能の面から捉えた研究例が多い(大杉，2003)．

たとえば，ショ糖リン酸合成酵素(SPS)に関する一連の研究がある(小野・石丸(2006)の総説を参照)．SPSはショ糖合成に関わる鍵酵素であり，とくに，葉におけるソース機能との関連で重要とされている．ダイズ，トウモロコシなどのさまざまな作物・品種を用いた実験で，葉におけるSPS活性と成長速度や乾物生産量の間に密接な相関があることが知られている．ま

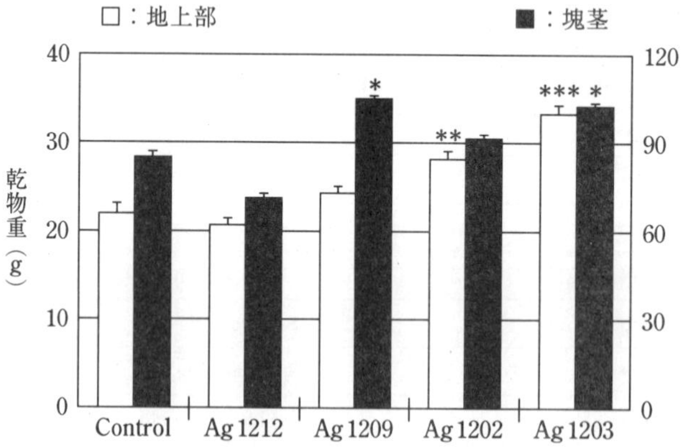


図3.2　遺伝子組換えバレイショの地上部分と塊茎重
Control：野生型，Ag番号：組換えバレイショ
(Tbias *et al.*, 1997))

た，SPS 遺伝子を過剰発現させたトマト，バレイショ，イネなどが作出され，葉のショ糖/デンプン含量比の上昇，トマト果実の新鮮重，バレイショの塊茎重の増加等が認められている（図 3.2）（Gartier *et al.*, 1993；Michallef *et al.*, 1995；Ono *et al.*, 1999；Tobias *et al.*, 1999）．また，光合成の炭酸固定回路（カルビンサイクル）の一員である二つの酵素（FBPase と SBPase）の両方の機能を同時に持つ遺伝子を微生物から単離し，過剰発現させたタバコでは，光合成速度が上昇するとともに，葉の成長が促進された（Miyagawa *et al.*, 2001）．一方，Smidansky ら（2003）はトウモロコシから単離したデンプン合成の鍵酵素である ADPglucose pyrophosphorylase（AGPase）遺伝子と胚乳特異的に発現するプロモーターとを連結してイネに導入した．その結果，種子の AGPase 活性が 2.7 倍に増大するとともに，個体当たりの種子重と植物体の全乾物重が 20 %以上増大した．

このようにソース・シンク機能で鍵となる酵素遺伝子を過剰発現させることで成長や収穫部分の重量に一定の効果が認められている．しかしながら，これらの研究は，遺伝子組換え植物を利用するため，通常は外界と遮断された人工気象室や自然光温室でポットを用いて実験を行っている．このため，収量，生産性という言葉を用いる場合もあるが，群落ではなくあくまで個体レベルでの評価になっている．たとえば，組換えバレイショ 1 個体の塊茎量であり，組換えタバコ 1 個体の乾物生産量である．

このため，これらの実験結果，すなわち，導入された遺伝子の効果を実用レベルでの生産性に直接結びつけることはできない．それは上述したように，本来の意味での生産性は自然条件下で群落状態で栽培した作物の単位土地面積当たりの生産量（収量，乾物生産量など）で評価すべきものである．栽培環境としてみた場合，人工気象室や組換え温室は温度や光条件が自然条件とは大きく異なっており，また，ポットによる根系の制約などの問題点があり，群落としての評価は難しい．

## 5．圃場試験の重要性

遺伝子組換え植物を用いた生産性の評価を適切に行うためには，自然環境下での栽培が不可欠である．現在，遺伝子組換え植物を自然環境下で栽培するためには，二つの方法がある．一つは隔離圃場での栽培であり，もう一つは一般圃場での栽培である．このような圃場で栽培するには，国が定めた「遺伝子組換え生物等の使用等の規制による生物の多様性の確保に関する法律」（カルタヘナ法）に基づき第1種使用規程の承認を受ける必要がある．まず，隔離圃場での栽培承認を受け，そこで花粉の飛散性，アレロパシー物質の存在などを調査して生物多様性に影響が生じないことが明らかになった場合に一般圃場での栽培承認を受けることになる．

「隔離」とは，非関係者や小動物が自由に出入りすることから圃場を隔離するという意味であり，回りの環境から遺伝子組換え植物を隔離するという意味ではない．したがって，隔離圃場ではフェンスで圃場を囲ったり，遺伝子組換え植物の植物体残さが圃場外に流出しないように貯留枡を設けるなどの措置を講じている．隔離圃場は一般圃場と自然環境は同じであることから，そこでの栽培試験の結果は一般圃場と同様と考えることができる．したがって，導入遺伝子の生産性に及ぼす影響を評価する基礎的実験の場合には隔離圃場実験で十分である．しかし，品種として商品化を目指す場合には，隔離圃場試験に続いて一般圃場でスケールアップした栽培試験を数年間行うことが必要となる．

このような隔離圃場は現在，農水省関連の独立行政法人の試験研究機関（農業・生物系特定産業技術研究機構，農業環境技術研究所など），（財）岩手生物工学研究センター/岩手県生物工学研究所などの公立試験研究機関に設置されている．大学では，東北大学，筑波大学および東京大学の3機関に設置されているのみである．

これまで同じ材料について隔離圃場実験と温室実験とを比較した例は少ない．そのような例を一つ紹介する．（財）岩手生物工学研究センター/岩手県生物工学研究所では，2003年5月から2004年4月まで低温抵抗性イネの隔離圃場実験を行った（生工研ニュース第40号，2004）．すでに温室実験において，活性酸素消去系酵素であるグルタチオンSトランスフェラーゼ遺伝子をイネに導入することで13～15℃での幼植物の生育が良くなり，茎数も増加することが明らかになっていた．隔離圃場での栽培実験でも茎数増加が確認されたが，とくに下位の節からの分げつが多く生じていることがはじめてわかった．また，茎数増加の影響で過繁茂になり，稈長が長くなったが，逆に穂長が短くなり，屑米率が高まった．これらの結果は，遺伝子組換えイネを自然条件下で群落状態で生育させることではじめて明らかになったことであり，この遺伝子組換えイネの特徴を活かすためには栽植密度を標準より少なくする必要があること，すなわち，特有の最適栽植密度があることを示している．

このように，遺伝子組換え作物には圃場試験でなければ評価できない部分があり，それらを含めて評価することではじめて導入遺伝子の効果を正確に捉えることができる．とくに，生産性に関わる評価には隔離圃場試験は不可欠なものである．

## 6．これまでの隔離圃場試験と今後の体制整備の必要性

上述の例を含めて，農水省関連，公立試験研究機関，大学において，これまでいくつかの遺伝子組換え作物に関する隔離圃場試験が実施されている．

最近の大学の取り組みとしては，2005年度に東北大学大学院農学研究科附属複合生態フィールド教育研究センターにおいて農水省の承認を得た鉄欠乏耐性の遺伝子組換えイネが隔離圃場栽培されている．

また，筑波大学遺伝子実験センターでは，耐塩性を持つ遺伝子組換えユーカリの隔離圃場での栽培を2009年12月末にかけて実施する予定である．すでに文部科学省・環境省は，専門の学識経験者による検討，パブリックコメント，説明会を経て，2005年10月12日付けで隔離圃場栽培を承認している．

東京大学大学院農学生命科学研究科附属農場においては，2004年に収量増大の可能性のある遺伝子組換えバレイショの隔離圃場試験を実施しようと

したが，地域住民の十分な理解が得られなかったことから試験を延期している．その後，附属農場と所属する農学生命科学研究科において遺伝子組換え技術・作物に関するセミナーを複数回開催して地域住民や大学関係者の理解を深めた．また，農学生命科学研究科の教員に対するアンケートをもとに隔離圃場試験の実施に関する意見集約を行った．その結果，大筋で隔離圃場試験を実施する方向が認められたことから，住民説明会の開催，関係機関への説明などを担当する「遺伝子組換え生物対策室」を研究科長の直属組織として設置することになった．これらの地域住民の理解の促進，大学側の推進体制の整備等を受けて，早期に文部科学省に対して再度遺伝子組換えバレイショの隔離圃場試験を行うための許可申請を行い，実施する予定としている．

このように，隔離圃場試験を実施するためには，まず文科省，農水省などからの実施承認を受ける必要がある．また，栽培実験指針に従って説明会，情報の開示などを行うこと，安全性に十分配慮して実験を管理することが求められている．このような一連の作業を担当者だけで行うことは難しく，大学の組織としての対応が不可欠である．

また上述したように，隔離圃場試験を行う施設は農水省関連の独立行政法人試験研究機関や公立試験研究機関にいくつか設置されているが，大学における施設数は 3 カ所と少ない．ゲノム研究などの進展によって大学の農学系研究室においても遺伝子組換え作物を利用した有用遺伝子の機能解析が今後飛躍的に進むと予想され，その場合に隔離圃場試験を含めて評価することがますます重要になる．生産性研究に止まらず，基礎研究を応用・実用化研究に結びつけるための体制整備として，大学における隔離圃場施設の設置拡大が重要と考える．

## 7．作物学研究者の役割

遺伝子組換え作物の評価については，導入された遺伝子の効果，そのメカニズムを表現型から遺伝子発現などに関する情報まで含めて評価する必要がある．とくに，生産性についてはこれまで述べてきたように，自然条件下での群落としての評価もそのなかに含めなければならない．

今後，このような遺伝子組換え作物の圃場試験に作物学の研究者が積極的に取り組むことが期待される．すなわち，フィールドでの研究を得意とする作物学研究者はこれまで主に既存の作物や品種の特性解明に携わって成果をあげてきたが，今後はそれにとどまらず，遺伝子組換え作物をこれまでの品種などと同様に捉えて研究素材として利用することが重要である．その場合の研究素材としては 2 種類ある．一つは，品種になる以前の遺伝子組換え作物であり，もう一つはすでに品種として一般栽培が可能になった遺伝子組換え作物である．

品種以前の遺伝子組換え作物の解析は導入した遺伝子の影響を明らかにすることが主眼となるが，隔離圃場試験を行うことによって，導入した遺伝子のより現場に近いレベルでの評価が可能となり，また，新たな育種目標の提示を更に効果的に行うことが出来ると考える．また，隔離圃場試験までには，有用遺伝子の同定・単離から始まって遺伝子組換え作物の作出，温室試験といったプロセスがあり，関わる研究者も多い，これらの関係する研究者が，遺伝子組換えの作出から隔離圃場を使った評価までが一連の研究であることを共通認識として持ち，それぞれが専門とする段階を分担することが効果的かつ信頼性のある研究成果を得るために重要と考える．

また，一般圃場で栽培が可能になっている遺伝子組換え作物についても，既存の品種と同様に考えてそれらの生理生態的特性の解明や，最適な栽培技術の開発に関する研究を進めることも重要である．そのような研究によって遺伝子組換え作物の収量決定に関わる要因，光・温度などの環境に対する応答，施肥・栽植密度などの栽培条件に対する反応などが明らかになり，さまざまな栽培地域での適応性を考える際の重要な情報を得ることができる．このことで，遺伝子組換え作物に対する理解をより深めることができると考える．

さらに，遺伝子組換え植物の生態系への影響に関する研究に積極的に関わることも重要である．生態系への影響については，「生物の多様性に関する条約のバイオセイフティーに関するカルタヘナ議定書」が 2004 年 9 月に国際的に発効し，これを受けてわが国でもいわゆるカルタヘナ国内法が 2005

年 2 月に施行された．これにより，遺伝子組換え作物の及ぼす周辺生物相に対する生物多様性影響評価が法律によって義務づけられることになり，① 生態系における競合の優位性による影響，② 有害物質の産生による影響，③ 近縁野生種との交雑による影響，の 3 点を検討することになった．また，最近，同種の非組換え作物との交雑による組換え遺伝子の混入に関心が高まっている．これは，消費者の不安だけでなく，慣行栽培作物や有機栽培作物との交雑という生産者にとっても大きな問題となる可能性があるためである．遺伝子組換え作物と非遺伝子組換え作物の共存のあり方はヨーロッパで議論が始まっているが，生態系への影響についてはまだまだ科学的知見が不足しており，今後，生産者・消費者の理解を得ながら遺伝子組換え作物の一般圃場での栽培（モニタリング）を実施して，一層の情報収集を図ることが必要である．

とくに，花粉の飛散性の試験は遺伝子組換え植物を使わなくても可能であり，実際にムラサキイネやモチ米を用いた交雑実験が行われている．現在，国の遺伝子組換え作物の栽培指針に加えて，北海道で独自の条例が制定され，茨城県，新潟県，東京都でも条例の制定が検討されている．これらの指針，条例では遺伝子組換え作物と非遺伝子組換え作物の交雑を防止するための隔離距離が定められているが，数値は条例によってまちまちであり，また，その根拠もはっきりしていない．これは，元になる交雑可能な距離に関する情報が不足していることに大きな原因がある．

これらの隔離圃場試験や交雑距離に関する研究はすでに農水省関連の研究機関を中心に進められているが，圃場を利用する大学の作物学関連の研究者の関わりも期待したい．大学では，遺伝子組換え作物の評価を商業栽培と切り離して行うことができ，得られた成果・情報が社会に受け入れられやすい．また，隔離圃場試験は場所が限られているが，すでに栽培許可の出ている遺伝子組換え作物や非遺伝子組換え作物を用いた実験は一般圃場を利用できるため，これらの研究を実施できる場所も多いと考えられる．ただし 6. で述べたように実施に当たっては，消費者・生産者の理解を得ることと，組織的な支援体制が必要である．

## 8．おわりに

遺伝子組換え作物を利用して作物の生産性の向上を図ることは，今後の食料問題の解決に向けて大きな可能性をもっている．それは，食料の確保と同時に農薬・肥料の低減などを通じた環境保全型農業の発展にも寄与すると考える．作物の生産性の向上に関する遺伝子組換え作物は，すでに実用化されたものに加えて，隔離圃場試験や温室試験と様々な段階で研究開発が進められている．とくに，ゲノム研究の進展によって遺伝子に関する情報は膨大に蓄積されてきており，今後もそれらの成果をもとに遺伝子組換え作物を用いた生産性研究が盛んに進められていくものと考えられる．

一方，世界における遺伝子組換え作物の栽培面積が増大しているにもかかわらず，わが国やヨーロッパの一般市民に受け入れられているとはいいがたく，遺伝子組換え作物の栽培や食品としての利用に関しては，不安を示す人々が少なくない．このような不安を取り除く努力が開発者・研究者に求められている．とくに，自然環境下での生理・生態的特性，生態系への影響などに関する情報が未だ十分でない．このため，これまで遺伝子組換え作物の研究・開発に直接関わってこなかった作物学などに関わる研究者が遺伝子組換え作物を一つの研究素材としてとらえて，生理・生態的特性，生態系への影響などを圃場レベルで明らかにすることができれば，遺伝子組換え作物に関する理解をさらに深めるために貢献することになるものと考える．

### 引用文献

Galtier, N., C. H. Foyer, J. Huber, T. A. Voelker and S. C. Huber 1993. Effects of elevated sucrose-phosphate synthase activity on photosynthesis, assimilate partitioning, and growth in tomato (*Lycopersicon esculentum* var UC82B). Plant Physiol. 101 : 535-543.

Gramene : A Resource for Comparative Grass Genomics 2005 (http://143.48.220.116/)

堀江　武 1999. 農業と作物および作物学，堀江　武他著 作物学総論，朝倉書店，

pp 1-15.

James, C. 2005. ISAAA Briefs 34-2005 Global Status of Commercialized Biotech/GM Crops (http:/www.isaaa.org/)

Kasuga, M., Q. Liu, S. Miura, K. Yamaguchi-Shinozaki and K. Shinozaki 1999 Improving plant drought, salt, and freezing tolerance by gene transfer of a single stress-inducible transcription factor. Nat Biotechnol. 17 : 287-291.

Kasuga, M., S. Miura, K. Shinozaki and K. Yamaguchi-Shinozaki 2004 A combination of the Arabidopsis DREB1A gene and stress-inducible rd29A promoter improved drought- and low-temperature stress tolerance in tobacco by gene transfer. Plant Cell Physiol. 45 : 346-350.

黒田栄喜・大川泰一郎・石原　邦. 1989. 草高の異なる水稲品種の乾物生産の相違とその要因の解析，とくに個体群内におけるガス拡散に着目して．日本作物学会紀事 58 : 374-382.

Micallef, B. J., K. A. Haskins, P. J. Vanderveer, K.-S. Poh, C. K. Shewmaker and T.D. Sharkey, 1995. Altered photosynthesis, flowering, and fruiting in transgenic tomato plants that have an increased capacity for sucrose synthesis. Planta 196 : 327-334.

Miyagawa Y.M. Tamoi and S. Shigeoka 2001. Overexpression of a cyanobacterial fructose-1, 6-/sedoheptulose-1, 7-bisphosphatase in tobacco enhances photosynthesis and growth. Nat. Biotechnol. 19 (10) : 965-969.

根本圭介・秋田重誠 2005 なぜ栽培学にQTL解析が必要か．日本作物学会紀事 74 (Extra issue 1) : 358-359.

大杉　立 2003 シンク・ソースの分子機構から作物の収量向上を考える．化学と生物 41 : 366-373.

Ono, K., K. Ishimaru, N. Aoki, S. Takahashi, K. Ozawa, Y. OhkawaandR. Ohsugi 1999. Characterization of a maize sucrose-phosphate synthase protein and its effects on carbon partitioning in transgenic rice plants. Plant Prod. Sci. 2, 172-177.

小野清美・石丸　健 2006. 植物におけるショ糖合成のキーエンザイム，ショ糖リン酸合成酵素の機能と制御．日本作物学会紀事（印刷中）

大川泰一郎・加藤　浩・坂井　真・石原　邦・平沢　正 2005. 耐倒伏性極強の飼料用水稲長稈新品種リーフスターの育成とその特性. 日本作物学会関東支部会報 20:44-45.

「生工研ニュース」(第40号)　2005.(財)岩手生物工学研究センター/岩手県生物工学研究所

新名惇彦 2002. 植物代謝工学の意義. 新名惇彦・吉田　和哉 監修 植物代謝工学ハンドブック (株)エヌ・ティー・エス pp.1-7.

Smidansky, E.D., J.M.Martin, L.C. Hannah, A.M. Fischer and M.J. Giroux 2003. Seed yield and plant biomass increases in rice are conferred by deregulation of endosperm ADP-glucose pyrophosphorylase. Planta 216 : 656-664

Tobias, D. J., T. Hirose, K. Ishimaru, T. Ishige, Y. Ohkawa, Y. Kano-Murakami, M. Matsuoka and R. Ohsugi 1999. Elevated sucrose-phosphate synthase activity in source leaves of potato plants transformed with the maize SPS gene. Plant Prod. Sci. 2 : 92-99.

# 第４章
# 遺伝子組換え作物の非隔離栽培の生態系への影響

山口　裕文
大阪府立大学大学院生命環境科学研究科

## 1．はじめに

タイやベトナムやミャンマーなど東南アジアの農村を歩くと，そこここの水路に野生イネ *Oryza rufipogon* がみられ，ときには大きな群落を作っている（図4.1）．近くには栽培のイネ *O. sativa*．家畜の群は，棘のある粗朶では

**図4.1**　水田に隣接して育つ野生イネ（タイ・ペトブリ付近で撮影，2005年）
手前は一年生型の野生イネ *Oryza rufipogon*（= *O. nivara*）．このあとの乾季に湿地の土は干上がってしまう．

守られない野生イネを食べている．栽培の作物とその祖先種が共存する場は，われわれの生活の周りにいくつもある（Yamaguchi and Umemoto, 1996）．日本では，ダイズ *Glycine max* subsp. *max* の野生祖先種ツルマメ *Glycine max* subsp. *soja* があり，日本の食文化を支えるアズキ *Vigna angularis* var. *angularis* の野生祖先種ヤブツルアズキ *V. angularis* var. *nipponensis* がある．これらは，人為撹乱の干渉を受けるところにあるが，ダイズやアズキの作られる場の近くにも多い．ツルマメにはハキリムシ，花の時期にはハチ達が遊ぶ．ヤブツルアズキの花の盛りには，ウラナミシジミ *Lampides boeticus* が乱舞し，青く膨れた莢に幼虫が育っている．このような場に除草剤抵抗性や Bt 遺伝子を組み込まれた遺伝子組換え作物品種（GM 品種）が導入されたら何が起こるのだろうか？これが，この章での命題である．

GM 品種の実用栽培へ向けてさまざまな取り組みが進められている．その中には実際の利用の拡大を想定して GM 作物の生態系への影響を最少にするための開発研究もある．花粉を飛散しない品種の育成や周辺への逃げだしを抑える形質の付与などである（平塚，2003）．積極的な利用の立場に立つと，それは合理的で理想的な技術開発におもえる．しかし，慎重な立場からみるとまだまだ不十分で，ひょっとしたら，終わりのない取り組みなのかも知れない．GMO（あるいは LMO）作物の利用における生態系影響について“推進”と“慎重”の論議のなかで整理しておくべき基本問題がある．それは，“農業生態系”というものと“作物（栽培植物）”や“雑草”とよばれる植物群の存在様式である．生態系影響を考えるとき，これらの要素はきわめて重要であるにもかかわらず，科学者の認識はまちまちである．それが，これまでの論議のなかで推進と慎重との平行線をたどる原因の一つになっているともいえよう．この章では，GM 品種の生態系影響に関する私のこれまでの主張（山口・中山，1999；山口，2001b）を補充するかたちで，GMO 作物の実用展開が農業生態系とその周辺における植物-環境関係をどのように変化させるかを資源植物生態学的視点から展望してみたい．

## 2. 農業生態系

イネやダイズなど主穀の栽培される大面積の水田や畑には，主役の栽培植物の他，さまざまな植物や昆虫や土壌中に棲む微生物がいる．植物では雑草も含まれ，昆虫では害虫も含まれる．耕地や農業生態系を森林にたとえると，作物は生産者である優占種，雑草は植物群落の下位の階層であり，昆虫や微生物は消費者に当たる（中尾，1976）．森林でも道端の雑草群落でも同じように，一見安定してみえる植物群落では撹乱による破壊と遷移進行による補修のできごとが常にある．水田や麦畑などの農業生態系は栽培植物の作付けに依存して大きく変化する生態系の一つである．水田を例にとると，ふつう優占種はイネの単一の品種よりなるが，この優占種を従来の品種からGM品種に置き換えたとき，下位の階層や消費者が“変わらない”とは考えられない．水稲栽培において半矮性品種の利用と浅水管理が下位の雑草群落の構造を変え，除草剤を必要としているのは衆知の事実である．作物品種や栽培技術の違いに関わって変容する人為的生態系である農耕地では，その場に共存する野生生物の種類と個体数は作物の生長と関わって大きく変動する．品種の変更による栽培管理方法の変更は，下位階層の生物の棲む空間の構造を変化させ，棲む生物の侵入率や死亡率を変えることによって，しばしばドラスチックな変化（害）を生み，多くの場合，遺伝的に多様な個体からなる個体群の性質をも変化させる．生産効果の大きいGM品種の利用では長期的使用や使用面積の拡大は耕地の生態系を大きく変更させるとみなされる．

農業生態系には畦畔や水路も含められることがある．農村環境の整備事業では，このような半農業・半自然生態系も含めて生物多様性に配慮するようになった．春を彩るニホンタンポポ *Taraxacum platycarpum* やオオジシバリ *Ixeris dentata* やスミレ *Viola mandshurica*，秋のキキョウ *Platycodon grandiflorum* やオミナエシ *Patrinia scabiosaefolia* は，花のうつりをみせながらチガヤ *Imperata cylindrica* やシバ *Zoysia japonica* のキャンバスに農村の風景をつくる．水路には水草の間をメダカ *Oryzias latipes* やスジエビ

*Pakaemon paucidens* が遊び，トンボになろうとするヤゴがいる．水鳥の舞うような環境はわれわれの自然の風景である．落ち着いて見える畦の植生はシバかチガヤかススキ *Miscanthus sinensis* の草地となるが，これらは程度の違う草刈りのもとで 10 年を越える遷移によって出来上がる（山口，2002）．畦畔や耕地を取り巻く環境には作物の祖先野生種もあり，ツルマメやヤブツルアズキは耕地まわりに成立するソデやマントの植物群落で先駆種としての生態系機能を果たしている．畦畔は，隣り合う森や林に連続し，田と森林を往復する虫やけものたちの回廊となり，田と川を行き来する魚たちの通り道の水路と似たような役割を果たす．農耕地はこのようなネットワークで自然生態系とつながっている半人工的な生態系である．

GM 品種の展開のみが原因ではないが，農業技術の変更はしばしば自然の調和やネットワークを乱すことになる．水田における除草剤抵抗性 GM イネの展開は，大面積の除草剤の散布によってイネ以外のすべての植物を排除してしまう．それが幾つかの問題を引き起こすことになる．雨の多い日本では傾斜地の雑草は耕地保全に役だっており，たとえば傾斜地の水田では草を枯らすと畦畔は崩壊してしまう（山口，2002）．現在，水田のあぜ道では畦畔管理の省力化を目的としてセンチピードグラス（ムカデシバ *Eremochloa ophiuroides*）など外来種の貼り付けが大規模に進められている．このような原因による自然環境の改変も生態系保全には大問題であるが，除草剤抵抗性 GM イネの展開では除草剤抵抗性のセンチピードグラスやシバを畦畔に貼り付けて省力をはかり，田園の緑を維持する必要すら生まれてくる．水田の内にのみ除草剤を散布する方法をとったとしても，従来と同じように水稲の生産にはなんの影響もないスブタ *Blyxa echinosperma* やミズオオバコ *Ottelia japonica* などの沈水植物を絶滅危機から救け出し難くしてしまう．このようにみてゆくと，GM 品種の展開に伴う技術の変化が農業生態系やその周辺環境を変えるのは間違いないといえよう．

## 3．野生種と雑草と作物と

GM 品種の展開での懸念には花粉流動による自然交雑と GM 品種の野生化がある．この問題をみるには，栽培植物（作物）や雑草と野生植物との違いを整理しておく必要がある．

人工的に作られた植林を除いて森林や二次林は野生植物の世界である．そこに棲む植物のほとんどは，樹木か蔓か多年生草本である．一年生草本は，植被のギャップか林縁やガレ場など，撹乱のある不安定な場所にみられる．このような野生植物を種ごとにみると一つ一つの種には階層的に決まった住み場があり，遷移の中での順番もある．一つの種は，まばらであったり，密であったりはするが，群（集団，個体群）をなして自己繁殖して生活している．そして，野生としては純血であっても，地域個体群や下層の亜個体群は遺伝的には一つずつ異なっている．種としては遺伝的に多様な野生植物は，それぞれの個性（アイデンティティ）を自然の中で自立的に維持しているのである．

自然のなかで自己のアイデンティティを維持して繁殖する仕組みをもつ野生植物にくらべて，雑草とよばれる一群の植物は，人為的撹乱のスケジュールに併せて生活し，人為的に乱される環境に適応した仕組みをもっている．一般に“雑草”には耕地のなかで作物栽培に害を及ぼす植物だけでなく，ルデラルとよばれる人里植物とか撹乱依存性植物が含まれる．そのため雑草という言葉は人の立場によって対象と中身が異なってしまうが（山口，1997），ここでは耕地の雑草に絞って考えてみる．耕地の雑草のほとんどは一年生であり，多年生であっても農作業や耕地管理にそった生活周期を繰り返す．雑草はおおよそ野生種と同じ特徴をもっているが，真の野生種に比べると，短命で種子が小さく，種子散布能力が高い，自家和合性である，不連続な発芽を示す，条件がよいと大量に種子をつけ，劣悪な環境でも少数の種子を残す，引き抜かれると千切れやすいような除草への耐性を示す，大群落をつくる，などの特徴をもっている．ヒトによる地球環境の撹乱が始まってから進化した植物である雑草がこのような特徴もつのは当然のことである．

表 4.1　東アジアにおける栽培植物種とその野生または

| 起源地/利用地域の広さ | 栽培植物種（系統） | | 野生または雑草系統 | |
|---|---|---|---|---|
| | 和名（作物名） | 学名 | 和名 | 学名 |
| 東アジア/狭い範囲 | ハチジョウカリヤス | *Arthraxon hispidus* | コブナグサ | *Arthraxon hispidus* |
| | オオナズナ | *Capsella bursa-pastoris* var. *sativa* | ナズナ | *Capsella bursa-pastoris* var. *bursa-pastoris* |
| | オオボウシバナ | *Commelina communis* var. *hortensis* | ツユクサ | *Commelina communis* var. *communis* |
| | ミツバ | *Cryptotaenia japonica* | ミツバ | *Cryptotaenia japonica* |
| | ユリネ | *Lilium leichtlinii* var. *maximowiczii* | コオニユリ | *Lilium leichtlinii* var. *maximowiczii* |
| | ハチジョウススキ | *Miscanthus sinensis* var. *condensatus* | ススキ | *Miscanthus sinensis* var. *sinensis* |
| | ヤマモモ | *Myrica rubra* | ヤマモモ | *Myrica rubra* |
| | メタデ | *Persicaria hydropiper* forma *purpurascens* | ヤナギタデ | *Persicaria hydropiper* forma *hydropiper* |
| 東アジア/やや広い範囲 | サトイモ | *Colocasia esculenta* var. *esculenta* | ナガエサトイモ | *Colocasia esculenta* var. *aquatilis* |
| | カキ | *Diospiros kaki* var. *kaki* | ヒメガキ | *Diospiros kaki* var. *sylvestris* |
| | ヒエ | *Echinochloa esculenta* | イヌビエ | *Echinochloa crus-galli* |
| | シナクログワイ | *Eleocharis tuberosa* | クログワイ | *Eleocharis kuroguwai* |
| | ダイズ | *Glycine max* subsp. *max* | ツルマメ | *Glycine max* subsp. *soja* |
| | セリ | *Oenanthe javanica* | セリ<br>オモダカ | *Oenanthe javanica* |
| | クワイ | *Sagittaria trifolia* var. *edulis* | | *Sagittaria trifolia* var. *trifolia* forma *trifolia* |
| | スイタグワイ | forma *suitensis* | | |
| | アズキ | *Vigna angularis* var. *angularis* | ヤブツルアズキ | *Vigna angularis* var. *nipponensis* |
| 東アジア外/世界的分布 | エンバク | *Avena sativa* | カラスムギ | *Avena fatua* |
| | ハトムギ | *Coix ma-yuen* | ジュズダマ | *Coix lacyrma-jobi* |
| | ウリ | *Cucumis melo* var. *melo* | ザッソウメロン | *Cucumis melo* var. *agrestis* |
| | ニンジン | *Daucus carota* var. *sativa* | ノラニンジン | *Daucus carota* var. *carota* |
| | ダイコン | *Raphanus sativus* var. *hortensis* | ハマダイコン | *Raphanus sativus* var. *raphanistroides* |
| | イネ | *Oryza sativa* | 野生イネ | *Oryza rufipogon* (*nivara*) |
| | アワ | *Setaria italica* | エノコログサ | *Setaria viridis* |

＊イネには長江流域またはインド起源など諸説がある．

雑草系統の例（山口，2001a）に加筆・修正）

| 明瞭な栽培化症候 | | 野生・雑草系統の | |
|---|---|---|---|
| 巨大化した部位 | 生理生態的特徴の変化 | 生育地 | 生活型 |
| 種子，葉 | 出穂開花同調性／非脱粒化 | 路傍，湿った草地 | 一年生 |
| 種子，葉 | | 畑，路傍 | 一年生 |
| 種子，葉，花被片 | 直立化／休眠欠如 | 畑，路傍 | 一年生 |
| 植物体 | 直立化 | 林縁，林床 | 一年生 |
| 鱗茎 | 節の周密化 | 崖地，草地 | 多年生 |
| 植物体，葉 | | 草地 | 多年生 |
| 果実 | | 林 | 樹木 |
| 葉，植物体 | 下部側枝の退化／休眠欠如 | 河川敷，水路縁 | 一年生 |
| 塊茎 | 花序形成能の低下 | 路傍，温泉地 | 多年生 |
| 果実 | 苦みの欠如 | 林 | 樹木 |
| 植物体，葉，小穂 | 分げつの減少/休眠欠如， | 水田，畑 | 一年生 |
| 植物体，葉，塊茎 | 非脱粒化 | 水田 | 多年生 |
| 植物体 | 集中化・側枝の退化 | ソデ，放棄水 | 一年生 |
| 植物体，葉，茎 | | 水田 | 一年生 |
| 塊茎 | 花序形成能の低下 | 水田 | 多年生 |
| 塊茎 | | 水田 | 多年生 |
| 植物体，種子 | 集中化・側枝の退化/休眠欠如 | ソデ，放棄畑 | 一年生 |
| 植物体，種子 | 集中化・側枝の退化/休眠欠如・非脱粒化 | 畑，路傍 | 一年生 |
| 植物体 | 集中化・側枝の退化/殻の薄膜化 | 水路，湿地 | 一年生 |
| 植物体，果実 | 雌雄性の変更/苦みの欠如 | イモ畑 | 一年生 |
| 主根 | 集中化・側枝の退化 | 路傍，空き地 | 一年生 |
| 主根 | 集中化・側枝の退化/休眠欠如 | 海岸，原野 | 一年生 |
| 種子，植物体 | 集中化，一年草化/休眠欠如，非脱粒化 | 湿地 | 一年生/多年生 |
| 花序，種子，植物体 | 集中化・側枝の退化/休眠欠如，非脱粒化 | 畑，路傍，海岸 | 一年生 |

田や畑で人間が栽培管理する作物である栽培植物は，野生植物や雑草とは違うさまざまな特徴をもっている（山口，2001a）．栽培植物は野生種のときのすらっとした姿から体が大きく頑丈となり，莢や果実が裂開せず，種子が脱粒せず，種子は休眠せず，温度や水分の条件を満たすと一斉に発芽する，果実や種子の色は薄くなり，虫や微生物などからの攻撃に耐えにくくなっている（表 4.1）．栽培化症候群とよばれるこれらの特徴には，早生化する，一年生である，肥料に強いというような雑草と共通した特徴も含まれる．種子散布能力の欠落や種子休眠の喪失などの特徴は人間による保護のもとで維持される．栽培植物がすべての栽培化症候の特徴をもつことはなく，多くの場合幾つかのみをもっている．栽培化の程度の低い栽培植物によってはそれを補う栽培技術が発達しており，脱粒性の栽培種や品種では脱穀や種子（タネ）を集めるのに特別の技術が開発されている．たとえば植物体は大きく立派になっているが脱粒性の改良されていないメタデ ***Persicaria hydropiper*** f. *purpurescens* では種子は熟期に寒冷紗を使って集められる．このような栽培化症候は栽培条件下で適応的に進化したものであるが，非脱粒性や非休眠性などを支配する遺伝子は，一つであったり，二つであったり，ポリジーンであったりする．近年の研究では一つの栽培種の祖先が一つではなく，複数の野生集団から独立して栽培化がおきた例も示されている．

栽培植物には雑草系統とよばれる類型がある（de Wet and Harlan, 1975）．穀類や豆類では雑草イネや雑草アズキが知られている（湯・森島，1997；Yamaguchi, 1992）．雑草イネはスポンタネア *Oryza sativa* f. *spontanea* とかファツア *O. sativa* var. *fatua* の学名で示されることもあるが，この二つの学名は野生イネを示している．雑草イネは水田やその周辺にしばしばみられる類型で，植物の外観が栽培イネに類似し，やや大きな種子（成熟した小花）は，脱粒しやすく，外穎の芒が長かったり，穎果にしばしば色がつき，臭みがある．穎果の色から赤イネともよばれ，戦後まもなくまで日本の水田で頻発し（盛永，1957），インディカ系と推定されている“トボシ”と雑種起源とみられる半不稔の“青立ち株”がある．雑草イネは野生イネに似た類型や擬態型も知られきわめて多様なグループである（森島，1999）．栽培植物の雑草系統は栽培種と野生系統との中間的存在に位置づけられることが多く，撹乱環境に生育する本来の雑草とは少し異なったものである．雑草系統には幾つかの成立過程があり，イネでは品種間交雑，野生種との交雑，突然変異など複数の経路が示されている（湯・森島，1997）．雑草アズキでも複数の成立過程が想定され，雑草アズキは野生種から栽培種への移行型とも考えられる（Yamaguchi , 1992）．

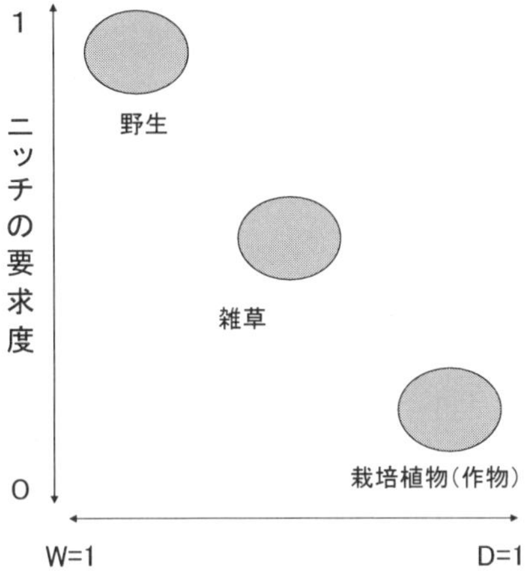


図 4.2　作物－雑草－野生系統の関係
一つの生物学的種のなかでの相互関係，栽培植物には生態的ニッチがない．縦軸：ニッチの要求度，横軸：栽培植物度（D）と野生植物度（W）

栽培種（栽培系統）と雑草系統と野生祖先種（野生系統）の特徴を踏まえて，これらの関係を整理すると図 4.2 のようになる．栽培種も雑草系統も祖先野生種から適応的に進化したもので，これらの間には交雑の障害は無く，この三つは一つの生物学的種に含まれる．もし，雑草系統や野生種と栽培種の間に遺伝子交換を妨げる仕組みが発達していると，その野生種や雑草は栽培種の直接の親でないことになる．野生祖先種から栽培種ができる栽培化とは，ドナーの野生集団が世代を重ねるあいだに栽培化症候の特徴（栽培形質）をもち，それぞれの栽培形質の遺伝子頻度が増える過程である．これらの特徴は明らかに人間の保護による選択によって増えるから，栽培植物度（栽培植物らしさ）は，次式のように人為的選択（意識的選択と非意識的選択）の強さと突然変異率，時間（世代数）で決まる．突然変異率を一定とすると，栽培植物度は人為選択の強さと時間で決まることになる．

栽培植物度　Dt = [Is, C, $t$]

D, degree of domestication 栽培植物度；

Is, human selection 人為的選択；

C, mutation rate 突然変異率；

*t*, time 時間

栽培植物は独立した幾つかの栽培形質をもつので，栽培植物度 D（ただし，野生植物度 W = 1 − D）は，複数の栽培形質の遺伝子頻度の平均となる．これを自己散布能力と自己生育能力のみについてみると，第 3 項のように定義できる．

$D = \sum P i / n = 1 - [Dis, Sgr]$

P*i*, *i* 番目の栽培形質の遺伝子頻度；

n, number of characters 形質の数；

Dis, self dispersal ability 自己散布能力；

Sgr, self- growing ability 自己生育能力．

一方，雑草系統の雑草度（雑草らしさ Z, degree of weediness）は，野生祖先種の雑草度ともかかわるので次のように定義できる．

雑草度 $Z = [(1 - D), B]$

B, weediness of wild ancestor 野生系統の雑草度

雑草度は栽培植物度と同様に時間関数や形質の平均でも定義できる．

一般に，野生植物の種が生態系のなかで好適に生活する空間を生態的地位とかニッチという．野生種と雑草系統と栽培種にとって生存に良好な環境はそれぞれ異なっているので，それぞれが要求するニッチの傾斜を考えると，自然環境と人為的環境との対立における位置が浮き彫りになる（図 4.2）．野生種は自然の生態的ニッチで自己繁殖するが，雑草系統は人的に作られた耕地という生育環境で自己繁殖する．栽培種は，人為的に作られた生育環境で人為的に繁殖・維持されるので，自然のニッチを要求しない．

コムギ *Triticum aestivum* やワタ *Gossypium hirsutum* のように複二倍体化によって跳躍的に進化した栽培種を除いて，ふつうの栽培種は，人為的撹乱環境で半栽培的な利用のもとで体質をかえた野生種から順次人工の環境でのみ生育する栽培種へ変化した歴史をもつので，野生種－雑草系統－栽培種は，徐々に変化する生理的・形態的特徴と生育環境との関係のなかで，可逆的に変化する類型と位置づけられる（図 4.2）．

# 4．GM 品種からの花粉飛散の影響

GM 品種からの野生種への花粉をとおした GM 遺伝子の拡散は，花粉の飛散，雑種形成，分離個体の定着，野生集団への遺伝子の拡散という過程ですすむ．植物の花粉がどのように拡散・飛散するかは，1940 から 50 年代に栽培植物を使った詳細な研究によって花粉源からの距離が遠くなるに従って減少する関数に近似することがわかっている（Handel, 1983）．これらの成果は作物品種の採種において純度を維持するのに役立っており，異品種と離す距離はこれを目安として設定されている．GM 品種の花粉飛散による野生集団の汚染の原理は，これらと変わることはない．近縁野生種集団の分布するある地点でどれだけ GM 品種との雑種が出来るかは，飛来する花粉量と花粉を受ける種や集団の生理的な花粉受け入れ能力で決るので，自然交雑曲線は花粉飛散曲線と雌の受け入れ能力の積となる．送粉昆虫の種類や風向きなど，花粉移動要因のゆらぎと雌の受け入れ能力のゆらぎによって，この曲線は変

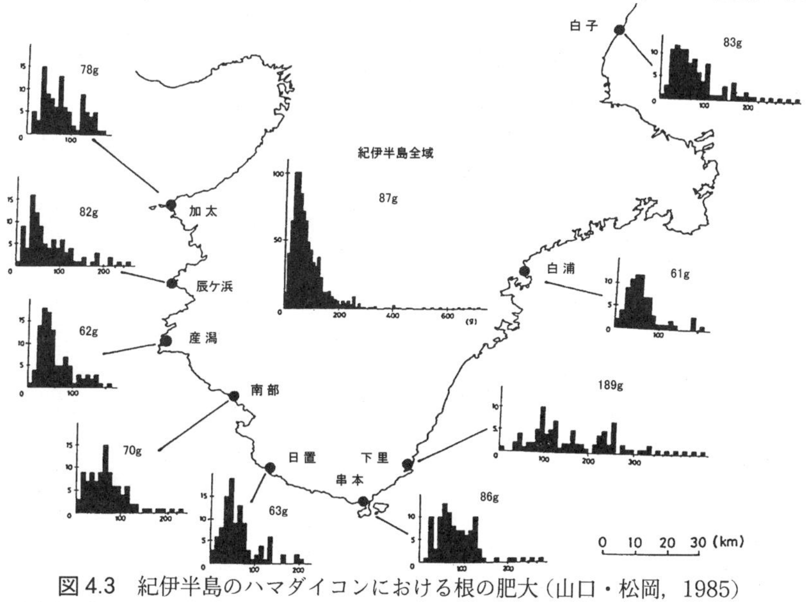


図 4.3　紀伊半島のハマダイコンにおける根の肥大（山口・松岡，1985）
初夏に集めた種子を 9 月中旬に播種し，10 月と 11 月に間引きし，12 月中旬に掘りあげて計測．根の重さ 300 g または直径 5 cm を越える個体は全体の 3 %ある．

動するが，原理に従えば，GM 品種の面積拡大が近縁野生種に何をもたらすかは自明である．野生種との接触確率や同時開花確率が低頻度であっても，GM 品種の栽培面積の拡大によって GM 品種と自生する野生種との接触数と同時期開花数は増える．自生集団によっては自殖のみの集団もあるが，自殖性作物でも 1～数％は他殖するのがふつうであり，異なった遺伝子型の集団が近くにあると野生種は確実に自然交雑する．野生種における栽培品種との交雑率（平均値）は，ダイズからツルマメでは 0.7％（Nakayama and Yamaguchi, 2002），イネから野生イネでは 3 から 8％ほどである（秋本，2005）．

## 5．ダイコンにみる遺伝的侵略

日本各地の海岸に生えるハマダイコン *Raphanus sativus* var. *raphanistroides* は，はるか昔に日本へ来たダイコン *Raphanus sativus* var. *hortensis* から生まれた植物である．今は，日本在来の野生植物と見間違うように北海道羅臼から沖縄の先島まで広がっている（Yamaguchi, 1987）．このハマダイコンを畑で作ってみるとほとんどの個体の根は細く枝分かれし大きくはならない．しかし中には大きくなるものがあり 3％ほどは結構太るダイコンができる（図 4.3）．春，花の頃に海岸を歩くと花の咲いたダイコンがハマダイコン群落の近くの菜園に残されていたり，まとめて浜に捨てられたダイコンが花を付けている風景に出合う（図 4.4）．この風景は，ダイコンからハマダイコ

図 4.4　海岸の浜に捨てられたダイコン（1989年3月，和歌山市磯の浦で撮影）
ダイコンは花をつけ，近くにはハマダイコンの自生群落がある．

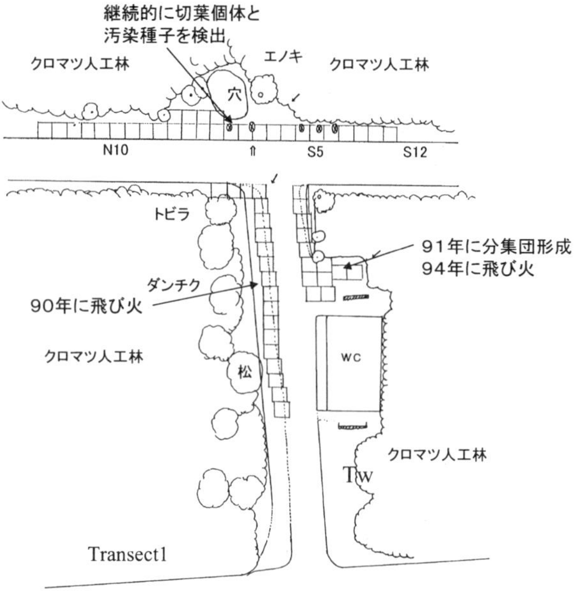


図 4.5　花粉飛散実験したハマダイコン自生地の５年目ころの様子（山口，未発表）
中央上の矢印の部分に 1986 年に信州切葉ダイコンを移植．マスは１m のコドラート.南北に走る砂利道に西（図下）に伸びる浜への道が直行している．ハマダイコンはコドラート部のパッチと Transect 1 と Tw と示した線上のパッチを作っている．

ンへの花粉流動を連想させる．

私は，GM 品種の環境影響に関する論議が起こる以前の 1986 年春に，和歌山県のある浜で‘信州切葉ダイコン’というニンジンのような（再羽状の）葉をもつダイコンをハマダイコンの自生集団へ移植して，花粉だけからの影響を与え，その後の動態を調べたことがある（図 4.5）．切葉（再羽状葉）はふつうのダイコンの葉の形（羽状深裂）に対して遺伝的に優性である．ダイコンの移植時には植栽間もなくのクロマツ林では未舗装の砂利道の両側にパッチ状にハマダイコンがあった．７個体の松本切葉ダイコンを植えて花粉を散らした場所（図 4.5，上向きの矢印部）の近くでは 1995 年に集団全体が小さ

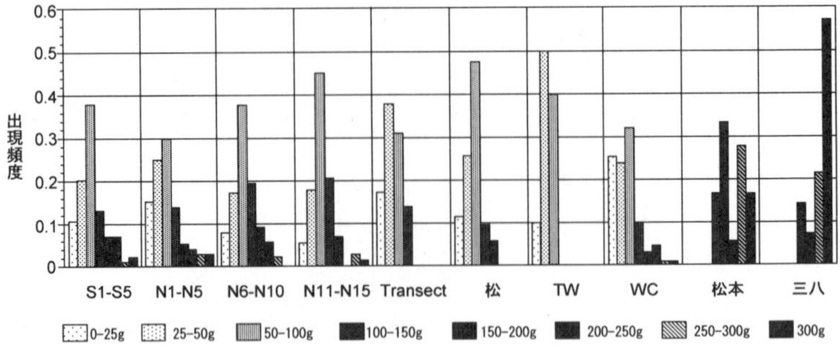


図 4.6　花粉飛散実験後5年目のハマダイコンにおける根の肥大（山口　未発表）
記号は，図4.5のコドラートおよび地点に対応．
松本：松本切葉ダイコン，三八：三八ダイコン

くなるまで切葉の個体は生育していた（山口・中山，1999）．この間に幾つかの出来事があった．切葉の個体は，1989年に南北の道を越え，海岸へつながる道の大きなクロマツ（松）の前にみられ，1990年と1991年にもその近くでみられた．1991年にはトイレ（**WC**）東側のブッシュ跡にハマダイコンのパッチが広がったが，1994年と1995年にはここへ切葉の個体は“飛び火”して生育した．1991年と1994年に種子を集めて畑で栽培したところ，ほとんどの個体の根はダイコンほど太くならなかったが，ところどころからはダイコンに近い太い根をつける個体も見られた（図4.6）．切葉の特徴をもつ個体は，ダイコンのような太い根をつけることはなく，ふつうのハマダイコンと同じであった．明らかにダイコンからの花粉流動があり，後代の分離集団では根を大きくする栽培品種の特徴は自然選択によって少なくなり，切葉の遺伝子は残るという遺伝的侵略が認められたのである．

当初には，花粉源から道を越えたハマダイコンでは種子にも自生個体にも切葉の特徴はみられず，遺伝的汚染は認められなかった．ここの訪花昆虫にはツマキチョウ *Anthocaris scolymus*，モンシロチョウ *Pieris rapae crucivora*，ホソヒラタアブ *Epistrophe balteata*，キイロナミホシヒラタアブ *Syrphus vitripennis*，ヨウシュミツバチ *Apis mellifera* などがいたが，主な送粉昆虫は道を渡るようには行動しなかったからである．道に沿って連続した

パッチでは花粉流動による切葉遺伝子の拡散はふつうにみられ後代検定では5から8mほど離れた場所での集中的な汚染が認められた．しかし，その場所には切葉の個体は直ちには定着しなかった．1989年と1994年にみられた道を越えた切葉個体の拡散はクロマツ林の手入れやブルドーザーによる道の手入れによる撹乱の直後である．撹乱後にはハマダイコンのパッチが新たに出来たことからも，これは汚染された種子による遺伝子の広がりを暗示している．撹乱環境に生育する植物の陣取りには「早い者勝ち」や「多勢に無勢」の原理が働く．侵入した遺伝子がどのように残るかは単純には決まらないのである．切葉の特徴をGM品種の導入遺伝子に置き換えてみると，GM品種からの花粉流動を契機として近縁種への遺伝子侵略は起こりうることになる．

栽培種から野生集団へ侵入する遺伝子の量は，さまざまな要因で変化する．私達は，GM品種の生態系影響が問題視されるようになった頃，ダイコンとハマダイコンの雑種形成に関する一つの実験をした（境野・山口，

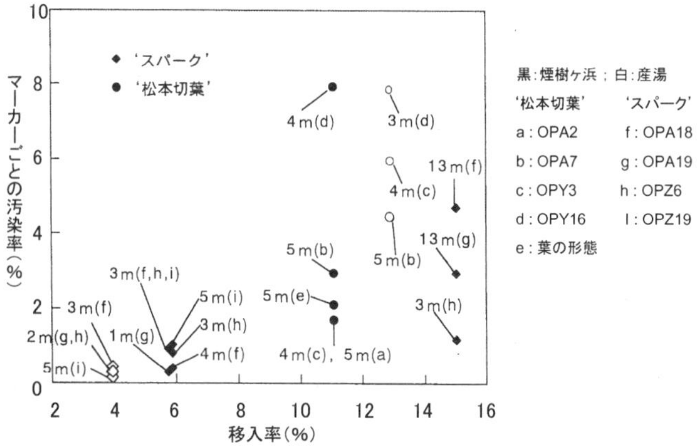


図4.7　ダイコンからの花粉流動量とハマダイコンの汚染率との関係（境野・山口，2000）

移入率（花粉流動）の増加は汚染距離と汚染度を高める．

m：花粉飛散の最大距離，括弧内はマーカーの違いを示す．a〜dは松本切葉ダイコン固有のRAPDマーカー，eは葉形マーカー，f〜iはハツカダイコン'スパーク'固有のRAPDマーカー，○◇は産湯集団，黒●◆は煙樹ヶ浜集団で実験

2000). ‘松本切葉ダイコン’とハツカダイコン‘スパーク’とを個体数を変えてハマダイコン群落に植え，ハマダイコンの一部を刈り取り，個体密度を変化させたのである（図 4.7）．栽培品種のみにあってハマダイコンにはみられない RAPD マーカーと形態マーカー（切葉）を使って雑種個体の出現を調査した．開花後，移植株を取り除いたのはいうまでもない．7 例の実験のうち，移入率の低かった 1 例（移入率 0.99 %）ではマーカーはハマダイコンの後代に検出されなかったが，移入率 3.95 %を越える 6 例ではハマダイコンからマーカーが見つかった．ダイコンの移入率が小さいと，マーカーの検出率は低くなり，汚染頻度も汚染距離も小さかった．移入率が大きくなると汚染度は高くなり，汚染は遠い距離へ及んだ．移入率の増加は明らかに汚染の量を増し，撹乱による個体密度の変動が汚染率に影響する．また，花の数が多く開花期の長いダイコン品種では開花期の短いハツカダイコンより高い汚染率を示した．野生種の自生地でみられる不安定な撹乱や花粉源の栽培品種の違いによっても汚染率はさまざまに変わるのである．模擬的な実験では品種や環境の設定などやり方次第で汚染率は高くも低くもなる．

## 6．作物の野生化とは－伝統採種の場にみる落ちこぼれ

育種学辞典（日本育種学会 2005）は，野生化 escape を「飼育あるいは栽培から逸出した個体が生育はしているが，いまだ自然繁殖して安定的に存続していない状態」と定義し，自然繁殖している“定着”や“土着”と区別している．この古典的な定義は，GM 品種の野生化 naturalization や雑草化ですすむ生態的背景を説明し得ていない．栽培植物の野生化の過程では実際には自然に繁殖してある程度存続する状態があるが，育種学辞典にみられる解釈に従い“野生”や“自生”という言葉を厳密に使うと，当初の遺伝子組換え Q アンド A での「ナタネは逸出して野生化（定着）したことはありません」のような解答を導くことになる．雑草的な野生祖先種をもつ栽培植物では先祖変わりで元に戻ったとすると名前も変わるため野生化は起きないという認識すら生じてしまう（表 4.1）．栽培植物の野生化の過程では，栽培種集団の遺伝的構造が徐々に変化して自生に適した特徴をもつ集団に置き換わる．栽培化

とは逆の変化が進むのである．たとえば自然での生育能力を欠く栽培品種と野生種との雑種やその後代は生育能力がないから問題はないと考えやすい．しかし，これは，別の視点からみるときわめて危険である．後代で分離した個体の多くが死ぬ出来事は自生に不適な遺伝子が集団から排除されることであり，生き残った個体は高い自生能力をもつことになる．栽培化や野生化の過程では，すべての個体が同時に一様に変化するのではなく，集団（ポピュレーション）の構成が徐々に変化する（図 4.2）．栽培種，雑草系統（中間型），野生種という類型が一つの生物学的種の中に明瞭に認識されるのは，三つ類型の存在様式によるものであり，それぞれの類型を維持するような異なった生態的環境（ニッチ）があるからである．

宮崎県西米良村では昔の日本と同じように伝統的な焼畑とダイコンの自家採種がある（Yamaguchi and Okamoto, 1997； 山口，1988）．ここでは小ぶりの大根を種子用に移植して，花を咲かせ翌年のために種子（タネ）を採っている．採種圃では品種‘糸巻き大根’の特徴が残るように色や形の違う大根が一定の比率で移植される．伝統採種の場では，周辺に“取りこぼし”の株がしばしばみられる．私は，共同開墾された焼畑で放棄されたダイコンと採種畑のダイコンと路傍に自然に生えている野ダイコンから種子（タネ）を集

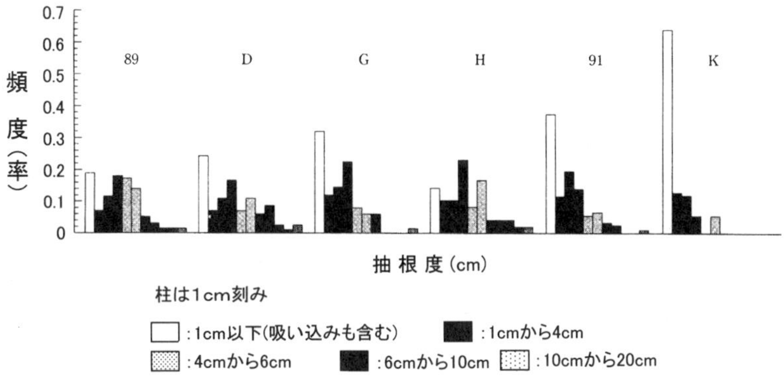


図 4.8　糸巻きダイコンの伝統採種地でみられた野生化個体の根の抽出度
（山口・柳，1995）

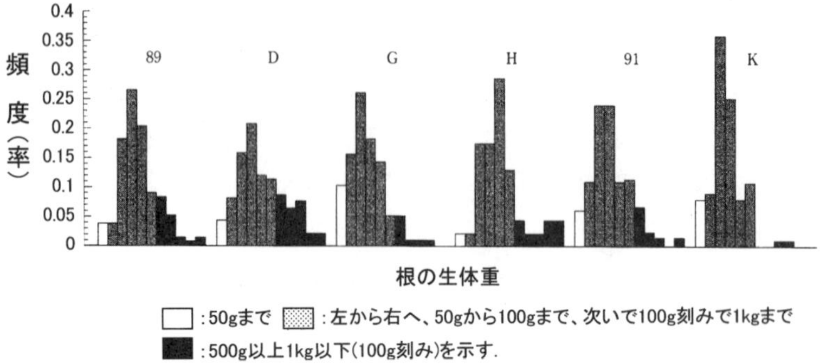


図 4.9　糸巻きダイコンの伝統採種地でみられた野生化個体の根の肥大（山口・柳，1995）

めて栽培し，その特徴を調べたことがある（図 4.8，図 4.9）．農家で採種された種子（D, G, H）では 200 g 以上で地上部に首の抜き出る大根の割合が高かった．放棄された当初の種子（89）では計画採種の大根とはあまり差がなかった．放棄 2 年を過ぎた 3 年目のダイコンの種子（91）や路傍の“野ダイコン”の種子（K）では，根が大きくならず，地上部に首を出す大根は少なく，地中に首が埋もれるものが多かった．野ダイコンの種子からの個体には，ハマダイコンに似て葉に刺があり，根に苦みがあり，括れの深いさや（長角果）も硬いものが多かった．計画採種（D, G, H）・放棄畑（89，91）・路傍（K：長期放棄）の順で不良個体の割合は高くなり，自生能力の高い個体が多くなったのである．この結果は，採種による品質維持と放任による野生化という二つの生態的現象を示している．計画的な採種は継続的に生じる劣悪形質を除去して品種の劣化を抑えており，自然への放任は野生化を進めている．こぼれ種のなかには遺伝的に多様な個体が混じっており，野生的あるいは雑草的性質をもつ遺伝子型が自然選択によって生き残っているとみられるのである．採種によって栽培種の特徴が維持され，“取りこぼし”から“落ちこぼれ”が生まれていることになる．

ダイコンに限らず，自家採種がふつうの栽培種や種子の管理がそれほどでない栽培種には“落ちこぼれ”はたくさんあり，中には自生と区別のつかないものもある（表 4.1）．アワ *Setaria italica* やヒエ *Echinochloa esculenta* などの雑穀，ビワ *Eriobotorya japopnica* やモモ *Prunus persica* や柑橘，ハゼノキ *Rhus succedanea* やチャ *Camellia sinensis* などの工芸用植物と，例を挙げればいとまがない．栽培化の程度と野生化の容易さとはなんの関係もないようにみえる．

## 7．展望：GM 作物の生態系影響

栽培植物とくに農作物の野生種の生活を注意深く観察すると，一つの傾向に気づく．一年生が多いほか，祖先野生種は大きな純群落を安定的に作るのである（山口，2000c）．ヤブツルアズキやツルマメは，自然度の高い場所で一定の在来種と組合わさった植物群落を形成するが，撹乱環境ではしばしば大きな群落を作る．アワの祖先種エノコログサ *Setaria viridis* やヒエの祖先種イヌビエ *Echinochloa crus- galli* は耕地の雑草としてだけでなく，空き地や路傍や海岸など幅広い環境で大きな群落を作る．野生イネも例外ではなく水湿地で純群落を作る植物である．農作物が群落となって示す高い生産力は野生種の時からの根源的な資質なのである．河川や海岸のような不安定な撹乱環境で他種との競争を避けて生育するオランダガラシやハマダイコンでも同じである．栽培植物の歴史の始まりはわれわれの祖先が自然から持続的に提供される植物資源へ食を依存して植物の世界と共生関係を結んでからである．それ以来育んできたヒトと栽培植物や農業生態系との関係を GM 品種の展開は大きく変えようとしている．

栽培植物の野生種の棲む撹乱環境は，人間の振る舞いによって大きくも小さくもなる．GM 遺伝子の拡散が危惧される野生種や雑草系統はそのような植物である．ノラアズキ（Yamaguchi, 1992）とかオロカビエやヨノコ（Kobayashi and Sakamoto, 1990）のような雑草系統は人間の振る舞いにさらに敏感である．雑草の赤イネも同じであるが（徐・許，2003），耕地に住む雑草系統は思いのほか生態的ニッチの幅が狭く，耕地とその周りの半自然地がなくなると数代のうちに自生集団は縮小してしまう．それは逆に条件が許せばフラッシュすることを意味する．GM 品種の直接的な野生化や雑草系統へのGM 遺伝子の流出がどのような結末をもたらすかは人の振る舞い方にかかっているとみるべきである．生態的な出来事は，個体のもつ生理的能力ではなく，環境との関係で決まる．生命力の弱い栽培植物の“落ちこぼれ”は農業をとおして人が作った環境の中でいつまでも残ることになる．人間が，自然を荒らし，作物を栽培するために生態的空白地を維持し続ける以上，作物からの逸出も，それからの雑草化や野生化も永遠に続くと考えるべきである．水稲における5年ごとの種子更新と移植栽培の展開は，赤イネの種子供給を絶ち，生育初期の環境の改変によって雑草としての赤イネの排除に成功した．GM 品種展開で生じる農業生態系のさまざまな問題は体系的な耕地管理の知恵で解決できるだろう．

その一方，GM 作物からの野生種への影響は慎重に回避すべきである．GM 遺伝子の野生種への流出は，野生種の遺伝的構造を変え，生態系の質を劣化させる．ふつう，捕食者や寄生者に対する野生植物の抵抗性は自然選択をとおして種対種またはレース対レースの関係において進化する．Bt 遺伝子のような広汎な生物群に影響する遺伝子の流出は自然で進む生物進化に様々な影響を与えることになる．遺伝子流出が限られた1種の植物にのみ起こったとしても，それが野生種であれば生物間相互関係のネットワークの破壊をとおして生物多様性には大きな影響を与える．ツルマメやヤブツルアズキへの Bt 遺伝子の移動は，チョウなどの昆虫へ食草の転換を迫るだけでなく，さまざまな問題の原因となる．

GM 品種から野生への遺伝子流動は，移動 transfer，侵略 invasion，汚染 contamination という言葉で表現される．それは生態的には同じ現象である．GM 品種普及の立場に立てば移動でも，それを自然個体群の純血が犯（侵）され，“自然”とは違った自然史のスタートと考えると，深刻な遺伝的汚染や侵略である．繰り返された花粉の流動が種のアィデンティティを侵した例はヒマワリ *Helianthus annuus* の仲間やルイジアナアヤメ *Iris fulva* など教科書的な事例でも知られている（Anderson, 1949）．Chu and Oka（1970）が“Obake”とよんだアフリカの野生イネ *O. breviligulata* からの off-type の出現はアジアイネの栽培拡大による遺伝的侵略の一例である．アジアイネの遺伝子が野生イネに浸透しなくとも，off-typeの生育は野生イネの生育地を略奪する．古典的な浸透性交雑 introgression（または introgressive hybridization）と同様に広範な作物での安易な GM 品種の利用は生殖をとおした遺伝的汚染や侵略を導くに違いない．

GM 作物の展開による影響だけでなく，本質的な生態系の問題は生物多様性の質の劣化という言葉で代言される地球環境の急速な変化である．農業の近代化も耕地周辺環境における生物の絶滅や生物多様性の質を劣化させる原因となっている．新・生物多様性国家戦略やカルタヘナ条約などに基づく協定や施策への短期的対応ではなく，GM 品種利用に当たっては地域を越えた視点で生態系保全への必要な対策を構築してゆく必要がある（Van de Wiel *et al*., 2005）．大面積の耕地での利用と小面積での利用は同一ではないし，近縁種の生育の多寡によっても異なった対策が必要である．面への展開が完了した欧米の畑作と，線と点の繋がりしかない耕地を使ったアジアの水田や農業とで GM 品種の経済メリットを比較したとしても無味乾燥でしかない．GM 品種や LMO の利用拡大が人-栽培植物-自然の関係を従来の有り様からどのように変え，それが地球に住む人類の将来をどのように幸せにするかを長期的視点からも示すことが，GM 作物の活用には大切といえよう．

## 引用文献

秋本正博 2005. 朱に交われば赤くなる－栽培イネとの浸透交雑による野生イネの遺伝的侵食．雑草研究 50：21-29.

Anderson, E. 1949. Introgressive Hybridization. Wiley, New York. 1-109.

Chu, Y.E. and H.I. Oka 1970. Introgression across isolating barriers in wild and cultivated *Oryza* species. Evolution 24：344-355.

de Wet, J.M.J. and J. Harlan 1975. Weeds and domesticates：evolution in the man-made habitats. Econ. Bot. 29：99-107.

Handel, S.T. 1983. Pollination ecology, plant population structure, and gene flow. In Real, L. ed., Pollination Biology, Academic Press, 163-211.

平塚和之 2003. 新しい遺伝子組換え植物に求められる技術. 佐野浩監修, 遺伝子組換え植物の光と影Ⅱ, 学会出版センター, 東京. 193-229.

Kobayashi, H. and S. Sakamoto 1990. Weed-crop complex in cereal cultivation. In Kawano, S. ed., Biological Approaches and Evolutionary Trends in Plants, Academic Press, 67-80.

盛永俊太郎 1957. 日本の稲：改良小史, 養賢堂, 東京. 1-324.

森島啓子 1999. 遺伝学の分野からみた作物と雑草. 日本雑草学会第15回シンポジウム遺伝子組換え作物の農業生産・環境へのインパクト－雑草制御技術への課題－講演要旨, 日本雑草学会, 1-11.

中尾佐助 1976. 栽培植物の世界. 自然選書 中央公論社, 1-250.（中尾佐助 2004. 中尾佐助著作集Ⅰ 栽培植物と農耕の起源 北海道大学図書刊行会, 札幌. 351-588.）

Nakayama, Y. and H. Yamaguchi 2002. Natural hybridization in wild soybean (*Glycine max* subsp. *soja*) by pollen flow from cultivated soybean (*Glycine max* subsp. *max*) in a designed population. Weed Biology and Management 2: 25-30.

日本育種学会編 2005. 育種学辞典. 培風館, 東京.

境野憲治・山口裕文 2000. 栽培ダイコンからハマダイコンへの花粉流動は個体密度によって変動する. 雑草研究45(別)：180-181.

徐學洙・許文會 2003. 雑草イネとは. 森島啓子編 野生イネの自然史, 北海道大学図書刊行会, 札幌. 107-120.

湯陵華・森島啓子 1997. 雑草イネの遺伝的特徴とその起源に関する研究. 育種学雑誌47：153-160.

Van de Weil, C., M. Goot and H. den Nijs 2005. Gene flow from crops to wild plants and its population-ecological consequences in the context of GM-crop biosafety, including some recent experiences from lettuce. In Wesseler J.H.H. ed., Environmental Costs and Benefits of Transgenic Crops, Springer, Dordrecht, The Netherlands, 97-110.

Yamaguchi, H. 1987. Latitudinal cline and intrapopulational differentiation in leaf shape of wild radish in Japan. Japan. J. Breed. 37: 54-65.

Yamaguchi, H. 1992. Wild and weed azuki bean in Japan. Econ. Bot. 46: 384-

394.

山口裕文 1996. 糸巻きダイコン 今も残る採種の伝統. 井上健編, 植物の生き残り作戦, 平凡社, 東京. 246-252.

山口裕文 1997. 日本の雑草の起源と多様化. 山口裕文編, 雑草の自然史, 北海道大学図書刊行会, 札幌. 3-16.

山口裕文 2001 a. 栽培植物の分類と栽培化症候. 山口裕文・島本義也編, 栽培植物の自然史, 北海道大学図書刊行会, 札幌. 3-15.

山口裕文 2001 b. 遺伝子組み換え植物の普及における生態学的一考察. 育種研究 3 : 238-239.

山口裕文 2001 c. マメ食をめぐる共生の生態的様相. FFI ジャーナル 195 : 30-35.

山口裕文 2002. 水田畦畔管理方法と種の多様性の維持. 日本雑草学会第 17 回シンポジウム 雑草管理と種の多様性維持 講演要旨, 日本雑草学会, 30-37.

山口裕文 2003. 栽培植物の雑草系統－落ちこぼれからの侵入生物－. 日本雑草学会第18回シンポジウム 雑草イネの出現要因と防除 講演要旨, 日本雑草学会, 39-45.

山口裕文・松岡昌弘 1985. 紀伊半島ハマダイコンの根部肥大の変異. 近畿作物育種研究 30 : 50-53.

山口裕文・中山祐一郎 1999. 導入遺伝子の拡散とその動態. 山田泰之・佐野浩編, 遺伝子組換え植物の光と影, 学会出版センター, 東京. 115-134.

Yamaguchi, H. and M. Okamoto 1997. Traditional seed production in landraces of daikon (*Raphanus sativus*) in Kyushu, Japan. Euphytica 95 : 141-147.

Yamaguchi, H. and S. Umemoto 1996. Wild relatives of domesticated plants as genetic resources in disturbed environments in temperate East Asia: a review. Applied Biological Science 2 (1) : 1-16.

山口裕文・柳智博 1995. 採種経歴を異にする糸巻きダイコンの根の肥大能力. 近畿作物育種研究 40 : 1-4.

# 第３編
# 遺伝子組換え作物の安全性評価

組換え遺伝子の拡散防止のためにどのような対策が講じられているのだろうか．また，食品としての安全性はどのように評価されているのか．遺伝子組換え作物への依存度を高めている国々はそして日本はどのようにしてリスクを軽減しているか，その評価と対策について考えてみよう．

# 第5章
# 遺伝子組換え作物の食品としての安全性

澤田 純一
国立医薬品食品衛生研究所機能生化学部

## 1. はじめに

遺伝子組換え食品（genetically modified food）とは，組換えDNA技術を応用し作製された食品である．わが国では，1996年に種子植物に由来する遺伝子組換え食品が承認されて以来，多くの組換え技術を応用して作製された食品が上市され，2005年11月10日の段階で，70の品種（系統）の遺伝子組換え種子植物が食品として認可されている（厚生労働省の遺伝子組換え食品ホームページ，http://www.mhlw.go.jp/topics/idenshi/index.html）．しかしながら，現在わが国で流通している遺伝子組換え食品は，すべて海外において収穫された原料に由来するものである．遺伝子組換え食品の安全性に関しては，消費者の関心も非常に高く，通常の食品では行われていない厳しい安全性評価が行われている．わが国で食品として承認されている遺伝子組換え作物の概略を紹介し，次いでその安全性評価について述べたい．

## 2. わが国において食品として承認されている遺伝子組換え作物

現在，遺伝子組換え作物由来の食品は，食品衛生法という法律に基づいて安全性を確認することが義務づけられており，表5.1にその承認済みの遺伝子組換え食品のリストを示した．ジャガイモ，ダイズ，テンサイ，トウモロ

表5.1　食品として承認された遺伝子組換え作物（2005年11月10日現在）

| 宿主 | 品種または系統 |
|---|---|
| アルファルファ | ラウンドアップ・レディー・アルファルファ J 101系統, J 106系統 *<br>J 101系統 X J106系統 * |
| ジャガイモ | ニューリーフ・ジャガイモ BT-6系統<br>ニューリーフ・ジャガイモ SPBT02-05系統<br>ニューリーフ・プラス・ジャガイモ RBMT21-129, RBMT21-350, RBMT22-82系統<br>ニューリーフY・ジャガイモ RBMT15-101系統<br>ニューリーフY・ジャガイモ SEMT15-15, SEMT15-02系統 |
| ダイズ | ラウンドアップ・レディー・大豆 40-3-2系統<br>260-05系統<br>A 2704-12<br>A 5547-127 |
| テンサイ | T 120-7<br>ラウンドアップ・レディー・テンサイ 77系統<br>ラウンドアップ・レディー・テンサイ H 7-1系統 |
| トウモロコシ | Bt 11<br>Event 176<br>Mon 810<br>T 25<br>DLL 25<br>DBT 418<br>ラウンドアップ・レディー・トウモロコシ GA 21系統<br>ラウンドアップ・レディー・トウモロコシ NK 603系統<br>T 14<br>Bt 11 スイートコーン<br>鞘翅目害虫抵抗性トウモロコシ MON 863系統<br>トウモロコシ 1507系統<br>MON 863系統 X NK 603系統<br>GA 21系統 X MON 810<br>NK 603系統 X MON 810<br>T 25 X MON 810<br>1507系統 X NK 603系統 *<br>MON 810 X MON 863系統 *<br>MON 863系統 X MON 810系統 X NK 603系統 *<br>B.t. Cry 34/35 Ab 1 Event DAS-59122-7*<br>MON 88017系統 *<br>MON 88017系統 X MON 810系統 * |

表5.1　食品として承認された遺伝子組換え作物（2005年11月10日現在）（続き）

| 宿主 | 品種または系統 |
| --- | --- |
| ナタネ | ラウンドアップ・レディー・カノーラ RT 73系統<br>HCN 92<br>PGS 1, PGS 2<br>PHY 14, PHY 35, PHY 36<br>T 45<br>MS 8 RF 3<br>HCN 10<br>MS 8<br>RF 3<br>WESTAR-Oxy-235<br>PHY 23<br>ラウンドアップ・レディー・カノーラ RT 200系統 |
| ワタ | ラウンドアップ・レディー・ワタ 1445系統<br>BXN cotton 10211系統<br>BXN cotton 10222系統<br>インガード・ワタ 531系統<br>インガード・ワタ 757系統<br>BXN cotton 10215系統<br>鱗翅目害虫抵抗性 ワタ 15985系統<br>1445系統 X 531系統<br>15985系統 X 1445系統<br>LLCotton 25*<br>MON 88913系統 *<br>MON 88913系統 X 15985系統 *<br>281系統 *<br>3006系統 *<br>281系統 X 3006系統 * |

* 食品安全委員会の意見を聴いたもの（他は，薬事・食品衛生審議会による）

コシ，ナタネ，ワタが承認されており，つい最近，アルファルファが追加された．このリストは，過去に承認を受けたもののリストであり，必ずしもすべてが現在流通しているということを意味する訳ではない．たとえば，テンサイなどは，商業栽培が中止されており，現在は，組換えジャガイモの作付けもほとんどなされていない．

表5.1で，＊印のついたものは，2003年に発足した食品安全委員会が安全性評価を行ったもので，ここ2, 3年の間に承認されたことを意味している．最近のものには，遺伝子組換え作物同士の掛け合わせ品種が多く見受けられ

表 5.2 遺伝子組換え作物の主要な用途

| 遺伝子組換え作物 | 用　途 | |
|---|---|---|
| | 食品用 | 飼料用 |
| アルファルファ | | 乾草，キューブ |
| ダイズ | ダイズ油，醤油，など | 大豆粕 |
| トウモロコシ（デント種） | コーンスターチ，コーン油，デキシトリン，スナック菓子 | 穀粒，グルテン |
| ナタネ（カノーラ種） | ナタネ油 | 油粕 |
| ワタ | 綿実油 | 綿実，油粕 |
| ジャガイモ | スターチ，スナック菓子 | でん粉粕 |
| テンサイ | 砂糖，糖蜜，繊維 | ビートパルプ |

る．また，これらの品種はすべて，海外で開発されたもので，現段階では，遺伝子組換え食品は，すべて輸入されたものとなっている．

このような遺伝子組換え作物が，輸入され，食品として，または，動物用の飼料として，どのような用途（表 5.2）に用いられるかというと，通常は，従来の非組換え作物と同じ用途として申請されるため，非組換え作物とまったく同様な用途に用いられることとなる．ただし，遺伝子組換え食品の種類によっては，表示義務があり，消費者が遺伝子組換え食品を敬遠する傾向があるため，表示義務のかかっている食品に使われる頻度が低いという事情があることは，周知のとおりである．たとえば，ダイズの場合，もやし，豆腐，納豆などがそれに当たる．

## 3．表　示

表示に関して，ここで，簡単に触れておきたい．まず，高オレイン酸ダイズ由来の油を除き，組換え食品の表示の問題は，遺伝子組換え食品の安全性とは直接の関係がなく，主として消費者の選択の権利に基づいて設定されているものであることを始めに述べておく必要があろう．また，食品の安全性を評価する食品安全委員会では，表示の問題には直接関与しておらず，遺伝子組換え食品の表示に関しては，厚生労働省と農林水産省の合同の表示に関する会議で基準などの制定が行われている.

基本的には，残存する導入遺伝子やそれに由来するタンパク質を検出しうる食品は表示する義務が課せられこととなる．また，油や醤油などで，検出することが不可能な食品には，表示義務が課せられていない．また，表示義務には２種類あり，遺伝子組換え作物を「使用」している場合と，生産流通過程で分別されず，使用の有無が不明な「不分別」の場合には，それぞれ，「ダイズ（遺伝子組換え）」，「遺伝子組換え不分別」などの表示をする必要がある．さらに，加工食品に組換え作物を主な原材料として使う場合，重量比で上位３種類に当たり，かつ食品中に占める重量が５％以上の場合には，「使用」とされる.

## 4．食品として承認された遺伝子組換え作物に使用されている遺伝子

食品として安全性の確認がなされた遺伝子組換え作物に，どのような遺伝子が使用されているかというと，現在までに利用された遺伝子の数は，それほど多くはない．現在よく使われている遺伝子は，害虫抵抗性と除草剤耐性

表 5.3　遺伝子組換え食品（種子植物）に導入され発現している主なタンパク質

| 導入タンパク質 | 遺伝子組換え作物 |
|---|---|
| 除草剤耐性 | |
| CP 4 EPSPS（グリホサート耐性） | ダイズ，テンサイ，トウモロコシ，ナタネ，ワタ |
| GOX（グリホサート分解） | ナタネ |
| PAT (*pat*)（グルホシネート代謝） | ダイズ，テンサイ，トウモロコシ，ナタネ，ワタ |
| PAT (*bar*)（グルホシネート代謝） | トウモロコシ，ナタネ，ワタ |
| ニトリラーゼ（ブロモキシニル代謝） | ナタネ，ワタ |
| 害虫抵抗性 | |
| Cry 1 Ab トキシン | トウモロコシ |
| Cry 1 Ac トキシン | トウモロコシ，ワタ |
| Cry 1 F トキシン | トウモロコシ，ワタ |
| Cry 2 Ab トキシン | ワタ |
| Cry 3 A トキシン | ジャガイモ |
| Cry 3 Bb トキシン | トウモロコシ |

の遺伝子がほとんどを占めており，表 5.3 にそれらの遺伝子産物，すなわちタンパク質を示した．

表 5.3 に示されているように，現在，遺伝子組換え食品として安全性の確認されている種子植物の多くは，高生産量の農産物である．これらの作物に導入されている遺伝子は，作物に応じて異なるものが使用されているが，ジャガイモに関しては害虫抵抗性およびウイルス抵抗性が，ダイズ，テンサイ，ナタネに関しては除草剤耐性が付与されたものが多い．

繰り返しとなるが，厚生労働省の安全性確認の手続きを経て承認された遺伝子組換え作物の品種は多いものの，その作出のため導入された遺伝子は，比較的種類が限られている．すなわち，同じ遺伝子が複数の品種または系統の遺伝子組換え植物の作出に用いられている（表 5.3）．これらの遺伝子は，単独でも用いられるが，複数の遺伝子を同時に導入することも多く，さらに最近では，遺伝子組換え作物同士の掛け合わせによる複数の形質を有する交配種の作出がよく行われる．

除草剤耐性の遺伝子組換え作物に対応する除草剤は，グルホシネート，グリホサートおよびブロモキシニルなどである．グルホシネートは，グルタミン酸をグルタミンに転換する酵素を阻害し，アンモニアの蓄積の結果，植物を枯死させる．グリホサートは，植物の芳香族アミノ酸生合成に関与するシキミ酸経路の 5-エノールピルビルシキミ酸 3-リン酸合成酵素（EPSPS）を阻害する．ブロモキシニルは，光合成電子伝達系を阻害する．除草剤耐性を担う導入遺伝子としては，グルホシネートをアセチル化して失活させる放線菌由来のフォスフィノスリシンアセチルトランスフェラーゼ（PAT），グリホサート耐性 EPSPS，グリホサート酸化酵素（GOX），およびブロモキシニルのニトリル基をカルボン酸に変換するニトリラーゼなどをコードする遺伝子が現在までに使用されてきた．

一方，*Bacillus thuringiensis* の産生する δ-エンドトキシン Cry 1Ab，Cry 1Ac，Cry 1F，Cry 2Ab，Cry 3A，Cry 3Bb などをコードする遺伝子が，害虫抵抗性の組換え作物の作出に用いられる．これらのエンドトキシンは通常，昆虫の消化酵素により部分分解を受け活性型となり，消化管上皮細胞の特異的受容体に結合する．その殺虫機序は，陽イオン選択性小孔の形成による上皮細胞の破壊とされている．

当然のことながら，これらのエンドトキシンや除草剤耐性を賦与するタンパク質は，哺乳類動物に対する毒性を示さないことが確認されている．

## 5．遺伝子組換え食品の安全性評価の行政的な枠組み

### （1）国による安全性評価の経緯

1991 年 12 月に厚生省（当時）により「組換え DNA 技術応用食品・食品添加物の安全性評価指針」が策定され，1994 年に，遺伝子組換え微生物により生産された添加物キモシンの安全性が食品衛生調査会（当時）で確認された．この指針の対象は，組換え体そのものを食することのない食品・食品添加物に限られていたため，指針の改正が 1996 年 2 月に行われ，組換え体を直接食する種子植物由来の食品に対象が拡大された．同年に 7 品種の遺伝子組換え食品の安全性確認がなされ，その後，数多くの遺伝子組換え食品（または食品添加物）の安全性確認が行われてきている．次いで，安全性未確認の遺伝子組換え食品が国内で流通した問題などもあり，食品衛生法に基づく食品，食品添加物の規格基準の改正が行われ，2001 年 4 月以降は，「組換え DNA 技術応用食品及び添加物の安全性審査基準」に則った遺伝子組換え食品などの安全性審査が法的に義務付けられることとなった．国際的には，2003 年 7 月に WHO/ FAO 合同食品規格委員会（コーデックス委員会）において，遺伝子組換え食品の安全性評価に関するガイドラインなどが最終化されている（Codex Alimentarius Commission, 2003）．わが国においては，2003 年 7 月に食品安全委員会が設置され，遺伝子組換え食品および遺伝子組換え技術を利用して製造される食品添加物の安全性評価は，厚生労働省の諮問に応じて，食品安全委員会が担当することになった．その後，食品安全委員会において安全性評価を行うためのガイドラインや「考え方」が決定され（澤田，2004），これらのガイドラインなどに基づいて，遺伝子組換え食品などの安全性評価が行われることとなり，現在に至っている．

### （2） 現行の行政的な枠組み

図 5.1 に遺伝子組換え食品の安全性評価に関する現行の行政的な枠組みを示した．厚生労働省に申請があった場合には，内閣府食品安全委員会に意見が求められる．食品安全委員会の専門調査会の一つに遺伝子組換え食品など専門調査会があり，そこで専門家の意見を聞いて，食品安全委員会は厚生労働省に評価結果を通知する．厚生労働省は，安全性が確認された場合には，官報で公示して，正式な手続きが終了することとなる．一方，動物用の飼料に関しては，別途，農林水産省から意見が求められる（後述）．

食品安全委員会は，透明性を非常に重視しており，申請者の知的所有権を侵害しない範囲で議事録と評価の概要を公開しており，そのホームページ（http://www.fsc.go.jp/senmon/idensi/index.html）を閲覧すればどのような議論がなされたかを知ることが可能となっている．

前述のように，安全性を評価する際には，食品安全委員会で作成された「安全性評価基準」および「考え方」を示した文書に基づいて評価を行うこととなっている．現在，遺伝子組換え作物に関係するものとしては，「遺伝子組換え食品（種子植物）の安全性評価基準」，「遺伝子組換え植物の掛け合わせについての安全性評価の考え方」，「遺伝子組換え飼料及び試料添加物の安全

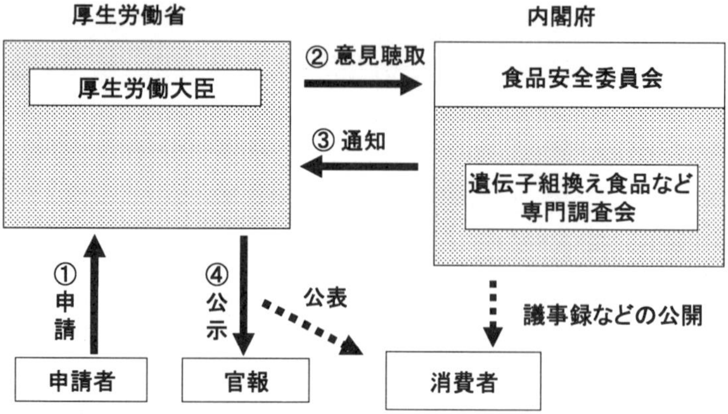


図 5.1　遺伝子組換え作物の食品としての安全性評価（行政の枠組み）

性評価の考え方」などが，すでに作成されており（上述の食品安全委員会遺伝子組換え食品など専門調査会関連のホームページ），これらの基準や考え方に則って評価が行われている．

## 6．わが国における遺伝子組換え食品の安全性評価

### （1）遺伝子組換え食品（種子植物）の安全性評価基準

まず，原則的なこととしては，現行の安全評価基準は種子植物に限られている．したがって，将来種子植物以外のものが申請される際には，前もって新たな基準を作成する必要がある．安全性評価は，1品種または1系統の作物に関して，用途や可食部位を考慮して行うが，その対象は植物体全体となる．すなわち，食品毎に，別途に評価することはない．さらに，同一の組換え作物が同時に動物用飼料として用いられる場合には，まず，食品としての安全性を評価することが望まれている．これは，かつて，飼料として米国で承認されたスターリンクという組換えトウモロコシがスナック菓子へ混入した事件を教訓としたものである．また，環境への安全性に関しては，カルタ

表5.4　食品安全委員会の遺伝子組換え食品（種子植物）の安全性評価基準（2004年1月決定）の概略

■ 比較対象となる既存の作物（食品）があり，宿主と遺伝子組換え作物の相違点が明確であるか．
■ 組換え作物の食品としての利用方法
■ 宿主の食経験や有害物質産生能
■ 導入される遺伝子およびその産物（タンパク質）の安全性
　導入遺伝子の性質が明らかであるか．遺伝子産物に毒性がないか．
　遺伝子導入方法が明らかであるか．
　抗生物質耐性遺伝子の場合，抗生物質の不活化に伴う問題がないか．
■ 組換え作物の安全性
　導入後の遺伝子に変化がないか．安定であるか．
　導入コピー数，挿入位置および周辺配列が明らかであるか．
　遺伝子産物の発現部位と発現量，および摂取量．
　新たな発現可能なオープンリーディングフレームができていないか
　　（できている場合，その産物の毒性およびアレルギー誘発性は）．
　宿主の代謝系に大きな変化をもたらさないか．
　アレルギー誘発性がないか．
　栄養成分，有害成分，栄養阻害物質などが宿主と比べて大きく変化していないか．

へナ法の第一種使用，いわゆる開放系での栽培となり，別途，農林水産省と環境省で行われることとなっている．

遺伝子組換え食品（種子植物）の安全性評価基準の概略を表 5.4 に示した．これらの多数の事項について，評価を行うことになっており，申請者が提出する文書の量もかなりのものとなることが多い．

組換え食品の安全性を考える際に，実質的同等性という言葉が古くより使われているが，この概念は，OECD の報告書（OECD, 1993）で最初に述べられたものである．やさしい言葉でいいかえると，組換え食品の安全性は，比較対象となりうる従来の食品に付け加えられた新たな性質や変化，すなわち上乗せの部分を評価すればよいという概念で，現在もその基本的な考え方は変わっていない．しかし，安全であると評価された場合に，実質的に同等であるという使い方がされたため，安全性の上で同等であるという意味が誤解され，実際には（成分としての）相違があるのに，同等とする表現はおかしいという議論もあった．また，用いるヒトにより微妙に定義が異なっていたため，混乱が生じたことも否めない．2003 年に最終化された Codex 委員会のガイドライン（Codex Alimentarius Commission, 2003）では，既存の食品との比較に基づく安全性評価を実施する上での出発点として，再定義されている（セクション 3，パラグラフ 13）．食品安全委員会の基準作成においても，実質的同等性とは，安全性評価を行う上で，比較対象となる既存の作物（食品）があり，宿主と遺伝子組換え作物の相違点が明確であることと解釈されているが，新たな混乱を避けるため，実質的同等性という言葉の使用は避けられた．

このように，食品安全委員会での安全性評価に当たっては，まず，比較対象としての既存の宿主などがあり，かつ宿主などと組換え体の相違点が明確であること（再定義された「実質的同等性の考え方」に相当する）が必要とされる．比較対象となる既存の宿主などがある場合には，それとの比較において，遺伝子組換えにより意図的に導入された形質および非意図的な変化などが，食品としての安全性の観点から評価される．

続いて，安全性評価を進めるため，利用目的および利用方法，宿主，ベクター，挿入 DNA，遺伝子産物，発現ベクターの構築，組換え体に関して詳細な情報が要求されている．

安全性評価においては，いくつかの重要なポイントがある．まず，宿主（もとの植物）の情報として，食経験の有無，可食部位，有害成分などの情報が必要とされ，宿主の安全な食経験があり，宿主自体に遡って，詳細な安全性評価を行う必要がないことが確認される．次に，導入遺伝子に関する情報，すなわち，供与体（遺伝子の由来する生物）の情報，プロモーターやターミネーターの性質，導入遺伝子の配列，発現ベクターの構築法，導入方法，遺伝子産物の機能や性質などから，導入遺伝子とその産物がヒトの健康に有害でないことを確認する．

さらに，導入後に得られる遺伝子組換え生物の遺伝的情報とそれに関連する情報を調べ，意図したとおりの導入が起こっており，非意図的な影響がないことを確認する必要がある．項目としては，挿入遺伝子のコピー数および挿入位置と近傍配列，目的外のオープンリーディングフレームの有無，遺伝子産物の発現量と発現部位および摂取量，遺伝子産物のアレルギー誘発性，挿入遺伝子の安定性，遺伝子産物の代謝経路への影響，成分含量などの変化の有無などの事項が含まれる．

わが国の安全性評価においては，法律に基づく安全性の確認が実施された2001 年より，挿入された遺伝子の周辺配列の情報が要求されている．この情報より，挿入された遺伝子が何コピーどこにどのように挿入されたかがわかるため，非意図的な変化を予想する上で非常に重要なポイントとなっている．すなわち，近傍配列情報とオープンリーディングフレームの存在などから，意図した遺伝子の挿入により，宿主の遺伝子が破壊されないこと，新たな転写・翻訳が起こっていないかなどが予想できる．

成分変化に関しては，栄養成分の大きな変化がないことが確認される．さらに，健康に有害な成分が増加していないかが，チェックされることとなる．現在，作物ごとにその成分が変化する可能性のある有害成分のリストがすでにほぼ完成しており（OECD 新開発食品・飼料安全性タスクフォースが作成したコンセンサス文書：http://www.oecd.org/document/9/0,2340,en

表 5.5　含量変化に注意すべき主要な有害成分や栄養阻害成分

| | |
|---|---|
| アルファルファ | Saponins, Condensed tannins, Phytoestrogens, Cyanogenic glycosides, Canavanine |
| ジャガイモ | Trypsin inhibitors, Glycoalkaloids |
| ダイズ | Trypsin inhibitors, Lectins, Phytoestrogens, Phytic acid, Allergens |
| テンサイ | Not known |
| トウモロコシ | Phytic acid, DIMBOA, Raffinose |
| ナタネ | Erucinic acid |
| ワタ | Gossypol, Malvalic acid, Sterculic acid, Dihydrosterculic acid |

OECD 新開発食品・飼料安全性タスクフォースのコンセンサス文書より

_2649_ 34385_1812041_1_1_1_1,00.html)，通常，表 5.5 に記載された有害成分などの含量変化が中心に調べられる．

遺伝子組換え食品の安全性の中で最も評価が難しいのが，アレルギー誘発性（アレルゲン性ともよばれる）であろう．最近，食の安全性に関して，食物アレルギーが問題の一つとしてクローズアップされている．遺伝子組換え食品に関しても，新たに導入されたタンパク質のアレルギー誘発性は重要な評価項目の一つであり，慎重な評価が要求されている（澤田ら，2004）．

アレルギー誘発性が問題となった過去の例を一つ紹介したい．栄養強化の目的で，メチオニン含量の高いブラジルナッツ 2 S-アルブミンが導入されたカノーラやダイズが作出された（Altenbach *et al.*, 1992 ; Townsend and Thomas, 1994）が，ブラジルナッツには強いアレルゲン性が知られており，2 S-アルブミンが，その主要アレルゲンであることが明らかにされた（Nordlee *et al.*, 1996）．幸いにして，開発が中止されたが，このようなアレルギー誘発性の高い作物が上市されないよう，事前の十分な評価の重要性が認識されるに至った例とされる（Nestle, 1996）．

アレルギーに関してもう一つ注意すべき点に，植物のタンパク質の間には，相同性が非常に高く抗体に対して交差反応性を示すものがかなり多いことがある．このような交差反応性がある場合，別の抗原で感作された場合にアレルギーが惹起される他，抗体産生の誘導が起こり易くなる可能性も考えられる．

食品安全委員会の基準では，(1) 挿入遺伝子の供与体のアレルギー誘発性に関する知見，(2) 遺伝子産物（タンパク質）のアレルギー誘発性に関する知見，(3) 遺伝子産物の人工胃液，人工腸液による処理および加熱処理に対する感受性に関する知見，(4) 遺伝子産物と既知のアレルゲンとの構造相同性などに関する知見から，総合的にアレルギー誘発性を判断し，安全性の確認ができない場合には，(5) アレルギー患者血清を用いて，遺伝子産物の IgE 結合能を検討することとされている．さらに，供与体のアレルギー誘発性が知られており，安全性の証明が十分ではないと考えられた場合は，皮膚テストや経口負荷試験などの臨床試験データが必要とされる（図 5.2 に，概略を図示した）．

さらに説明を補足すると，アレルギー誘発性に関しては，四つの点から，第一段階の評価が行われる．第一に供与体生物に対するアレルギーが知られているかどうか，また，第二に導入タンパク質に対するアレルギーが知られているかどうかが重要なポイントとなる．供与体に対するアレルギーが報告

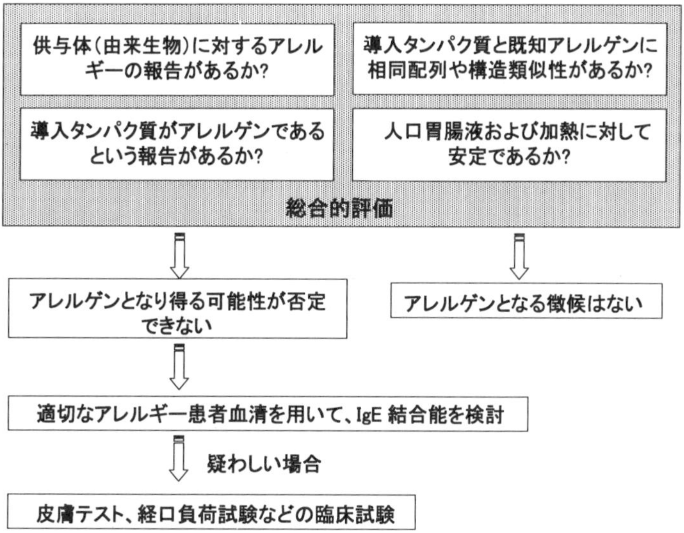


図 5.2　新たに導入され発現するタンパク質のアレルギー誘発性の評価

されており，導入タンパクのアレルギー誘発性が不明な場合には，要注意となる．

第三として，導入され発現するタンパク質と既知アレルゲンの間に，配列や構造の相同性があるかないの検討が必要とされる．バイオインフォマティクス的な方法論は進歩も早いことから，食品安全委員会の基準では，具体的な細かいことが規定されていない．通常は，既知アレルゲンとのアミノ酸配列の相同性に関しては，FAO/ WHO 専門家会議（FAO/ WHO, 2001）とその後の Codex 委員会特別部会（Codex Alimentarius Commission, 2003）から提案された方法に基づいて得られたデータを参考としている．すなわち，連続 80 以上アミノ酸残基のうち，35 %以上の相同性，および連続したアミノ酸の相同性（8～6 残基）のデータが必要とされる．実際には，連続した 6 個のアミノ酸残基の相同性に関しては，擬陽性があまりに多すぎることが知られており，7 ないし 8 個の連続アミノ酸残基の相同性のデータが参考となろう．改良法として，相同性検索に加えて，既知エピトープ（抗原決定基）配列および親水性も考慮する方法（Kleter and Peijnenburg, 2003），モチーフ構造を利用する予測法（Stadler and Stadler, 2003）も提案されているが，まだこれらの方法を単独使用した場合の有用性の評価は十分になされていない．

第四の点は，タンパク質が胃や小腸で容易に消化・分解されるか，加熱により変性しやすいかどうかである．一般に消化されやすいタンパク質は，アレルゲンとなりにくい傾向があると言われる．また，調理の際の加熱により，変性しやすいものも消化を受けやすい．

以上のいずれにも当てはまらない場合には，アレルゲンとなりうる徴候がないと判断されるが，一つでも懸念があり，アレルゲンとなりうることが否定できない場合には，次の段階として，アレルギー患者血清を用いた検討が必要とされる．アレルギー患者血清を用いる検討としては，ELISA またはイムノブロッティングなどを利用して反応性を検討することになる．ただし，遺伝子組換え食品では，まだこの段階のデータが求められ，提出された例はない．ちなみに，アレルギー患者血清で，すでに市販されている遺伝子組換え食品に含まれる導入タンパク質に対して陽性となったとされる報告も，現在のところはない（Bernstein *et al.*, 2003；Batista *et al.*, 2005；Takagi *et al.*, 2006）.

### （２）遺伝子組換え作物の掛け合わせについての安全性評価の考え方

食品安全委員会では，評価基準に付随する「考え方」として，「遺伝子組換え作物の掛け合わせについての安全性評価の考え方」というガイダンス文書を出している．最近は，遺伝子組換え作物同士の掛け合わせが多くなっているが，このような掛け合わせ作物の安全性を評価する際の基本となるものである．本「考え方」は，遺伝子組換え食品（種子植物）の安全性評価基準と同時に作成されたものである（澤田，2004）．従来も，厚生労働省においては，遺伝子組換え作物と従来品種との掛け合わせにより得られた交配種は，新たに獲得した形質に変化がなく，亜種間での交配でなく，また摂取量・食用部位・加工法などの変更がない限り，安全性上の問題は生じないと考えられるため，安全性審査済みとみなされてきた．本「考え方」により，さらに遺伝子組換え作物と遺伝子組換え作物間の掛け合わせについても，亜種レベル以上の交配でなく，さらに，摂取量・食用部位・加工法などの変更がない場合，挿入遺伝子が宿主代謝系へ影響を及ぼさないと考えられる（従来の害虫抵抗性，除草剤耐性，ウイルス抵抗性などの形質が賦与される）場合に限っては，それらの交配種の安全性の確認（安全性評価基準に基づく詳細な評価）が必要とされないこととなったものである．ここで，挿入遺伝子が宿主代謝系へ影響を及ぼさない場合とは，宿主の代謝系が改変され，特定の代謝系を促進または阻害することがなく，導入タンパク質により，宿主の代謝系における一部の代謝産物が利用され，新たな代謝産物が合成されることがない場合である．また，それ以外の場合については，現時点では実例がないこともあり，当面は安全性確認をすることとされている．

### （３）遺伝子組換え飼料および飼料添加物の安全性評価の考え方

従来，遺伝子組換え技術を利用して製造された飼料および飼料添加物（遺伝子組換え飼料および飼料添加物）については，農林水産省において安全性の確認が行われていたが，これらを摂取した家畜に由来する畜産物のヒトへの健康影響の評価に関する部分のみ，食品安全委員会において行われることになった（澤田，2004）．すなわち，動物用飼料に関しては，間接的にヒトの健康に影響する場合があり得るということで，この視点からの評価が食品安全委員会で行われる．安全性評価の方法としては，遺伝子組換え飼料および飼料添加物に含まれる有害成分の畜産物への移行，家畜体内での代謝による有害成分の変換・蓄積，家畜代謝系への作用に基づく新たな有害物質の産生の可能性について評価する．

① 組換え体由来の新たな有害物質が畜産物中に移行する可能性がない．② 遺伝子組換えに由来する成分が畜産物中で有害物質に変換・蓄積される可能性がない．③ 遺伝子組換えに起因する成分が家畜の代謝系に作用し，新たな有害物質を産生する可能性がない．以上の ①～③ のすべてに該当する場合には，基本的には詳細な健康影響評価は必要とされない．必要な場合には，「遺伝子組換え食品（種子植物）の安全性評価基準」または「遺伝子組換え技術を利用して製造された添加物の安全性評価基準」に準じて安全性評価が行われる．なお，食品安全委員会の見解としては，従来の害虫抵抗性，除草剤耐性，ウイルス抵抗性，抗生物質耐性などの形質が付与されるものは，①～③ の可能性は考えにくいとされている．また，食品としての安全性評価が終了したものを，飼料に用いる場合にも，①～③ の可能性を疑う特別の理由がない限り，安全上の問題はないと考えられる．ただし，食品としての可食部以外に関しても家畜が摂食することを考慮する必要がある．

## 7．安全性評価に関する国際的動向

現在，開発段階にある作物を考えると，さまざまな新しいタイプの組換え食品が今後でてくることが予想される（表 5.6）．現在の基準では，当然対応できないものもありうる．その場合，新しい基準や考え方をさらに整理・確立する必要があるものと考えられる．しかし，新しいタイプの組換え食品の安全性評価は，わが国のみに固有の問題ではない．遺伝子組換え食品に関し

表 5.6　新しいタイプの遺伝子組換え生物の開発

■ 遺伝子組換え作物
第１世代遺伝子組換え作物
・耐病性，耐虫性，多収性など
パパイア，キャッサバ，コメ，小麦（除草剤耐性），カボチャ，キュウリ（ウイルス耐性），トマト（日持ち向上）など，多数
・環境ストレス耐性（耐乾性，耐塩性，耐寒性）
第２世代遺伝子組換え作物
・栄養成分や機能性成分の強化，有害成分の低減
大豆（低アレルゲン），コメ（ビタミンA），ナタネ（高ラウリル酸）など，多数

■ 遺伝子組換え微生物

■ 遺伝子組換え動物
遺伝子組換えサケなど

■ 薬事法対象遺伝子組換え作物および動物
医薬品原材料，経口ワクチン

ては，常に国際的な動きが複雑に絡んできたという事情があったことも事実であるが，経済的な問題はさておき，新しいカテゴリーの新開発食品に対応しうるガイドラインを作成しようという国際的な動向がある．実際，Codex委員会のバイオテクノロジー応用食品特別部会で，遺伝子組換え動物などの安全性評価もこれからの議題として採択されている．

## 8．おわりに

現行の「遺伝子組換え食品（種子植物）の安全性評価基準」などの内容は，コーデックス委員会のガイドラインのほとんどすべてを取り込んでおり，科学的合理性および国際的整合性を十分に満たしたものになっている．現行の評価基準の内容を考えると，他の食品には求められていない厳しい安全性の評価が要求されることとなっており，消費者の遺伝子組換え食品に対する安心にも十分配慮したものとなっている．

これまでに認可されているもののほとんどは，耐病性，害虫抵抗性，除草剤耐性などの形質を付与されたもので，生産者サイドにメリットの大きい，

いわゆる第一世代の遺伝子組換え食品である．一方，健康増強作用を付加するような，消費者のメリットとなる第二世代の遺伝子組換え食品の開発も進んでいる．さらに，食用の遺伝子組換え微生物，遺伝子組換え動物の開発も進められている（表 5.6）．このような新しいタイプの遺伝子組換え生物の開発に応じて，最新の知見に基づく安全性評価を実施しうる体制の整備も必要とされよう．

なお，本稿の記述には，著者の私見も含まれており，必ずしも，食品安全委員会の見解ではないことを付記したい．

## 引用文献


Altenbach, S.B., C.C. Kuo, L.C. Staraci, K.W. Pearson, C. Wainwright, A. Georgescu and J. Townsend 1992. Accumulation of a Brazil nut albumin in seeds of transgenic canola results in enhanced levels of seed protein methionine. Plant Mol. Biol. 18 : 235-245.

Batista, R., B. Nunes, M. Carmo, C. Cardoso, H.S. Jose, A.B. de Almeida, A. Manique, L. Bento, C.P. Ricardo and M.M. Oliveira 2005. Lack of detectable allergenicity of transgenic maize and soya samples. J. Allergy Clin. Immunol. 116 : 403-410.

Bernstein J.A., I.L. Bernstein, L. Bucchini, L.R. Goldman, R.G. Hamilton, S. Lehrer, C. Rubin and H.A. Sampson 2003. Clinical and laboratory investigation of allergy to genetically modified foods. Environ. Health Perspect. 111 : 1114-1121.

Codex Alimentarius Commission 2003. Guideline for the conduct of food safety assessment of foods derived from recombinant-DNA plants. Report of the third session of the Codex Aad Hoc Intergovermental Task Force on Foods Derived from Biotechnology. ALINORM 03/34 ; CAG/GL45-2003.

FAO/WHO 2001. Evaluation of allergenicity of geneticall modified foods. Report of a Joint FAO/WHO Expert Consultation on Allergenicity of Foods Derived from Biotechnology (Rome, January 22-25, 2001).

Kleter, G.A. and A.A.C.M. Peijnenburg 2002. Screening of transgenic proteins expressed in transgenic food crops for the presence of short amino acid sequences identical to potential, IgE-binding linear epitopes of allergens. BMC Struct. Biol. 2 : 8.

Nestle M. 1996. Allergies to transgenic foods—Questions of policy. N. Engl. J. Med. 334 : 726-728.

Nordlee, J.A., S.L. Taylor, J.A. Townsend, L.A. Thomas and R.K. Bush 1996. Identification of a Brazil-nut allergen in transgenic soybeans. N. Engl. J. Med. 334 : 688-692.

OECD 1993. Safety Evaluation of Foods Derived by Modern Biotechnology: Concepts and Principles. Organisation for Economic Co-operation and Development (OECD), Paris.

澤田純一 2004. 遺伝子組換え食品の安全性評価基準等について（総論），食品衛生研究 54 (10) : 7-11.

澤田純一・手島玲子 2004. 遺伝子組換え食品と食の安全，医学のあゆみ 211 : 805-808.

Stadler, M.B. and B.M. Stadler 2003. Allergenicity prediction by protein sequence. FASEB J. 17 : 1141-1143.

Takagi,K., R. Teshima, O. Nakajima, H. Okunuki and J. Sawada 2006. Improved ELISA method for screening human antigen-specific IgE and its appliacation for monitoring IgE specific for novel proteins in genetically modified foods. Regul. Toxicol. Pharmacol. in press.

Townsend, J.A. and L.A. Thomas 1994. Factors which influence the Agrobacterium-mediated transformation of soybeans. J. Cell. Biochem. Suppl. 18A : 78 (abstract).

# 第6章
# 遺伝子組換え作物の花粉飛散と交雑

松尾　和人
農業環境技術研究所生物環境安全部

## 1．はじめに

遺伝子組換え作物の栽培に伴う周辺環境への生態的な影響の中で，とくに「花粉飛散による影響」については，農業環境に好ましくない影響を及ぼす懸念が具体的に指摘されているが，これまでに問題として取り上げられたものは大きく二つに分けることが出来る．一つは，オオカバマダラへの影響で問題となった非標的生物への影響であり（Losey, 1999），もう一つは遺伝子組換え作物の花粉飛散による交雑についてである（Raybould & Gray, 1993；Jørgensen & Anderson, 1994；Eastham & Sweet, 2002）.

また，遺伝子組換え作物との交雑による影響も大きく二つに分けて考えることが出来る．一つは，作物間での交雑による生産物の品質への影響であり，もう一つは近縁な野生種との交雑による生物多様性への影響である．

ここでは，組換え体の作出がされている主要な作物のうち，他殖を行う可能性が高く，花粉飛散とそれによる交雑が遠距離までに及ぶトウモロコシとナタネについて，同種作物間および近縁野生種間での交雑の可能性について述べる．

## 2．トウモロコシ

### （1）花粉の飛散特性と交雑

トウモロコシ花粉は，ほぼ球形で，直径100 μm前後（90～125 μm）あ

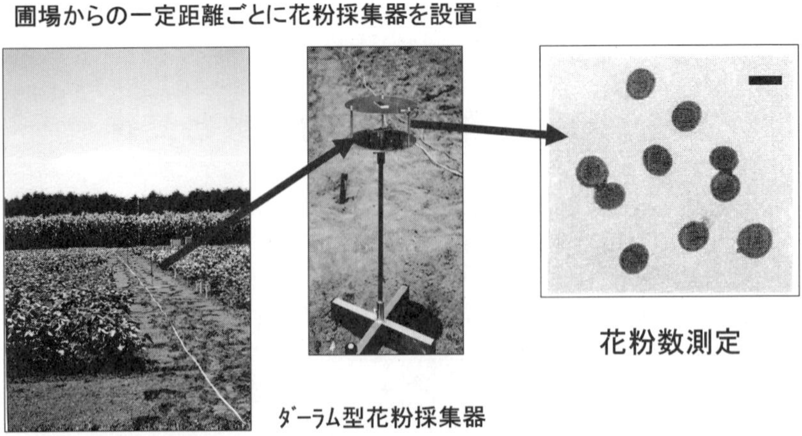


図 6.1　トウモロコシ花粉の飛散数の測定方法．花粉源であるトウモロコシ圃場の風下側（左の写真）に一定距離ごとにダーラム型花粉採集器（中央の写真）を設置する．天板上および内部にワセリンを塗布したスライドグラスを載せ，それに付着した花粉を染色し，顕微鏡下でそれを数える（右の写真）．写真中の太線の長さは 100 μm（松尾ら，2002）．

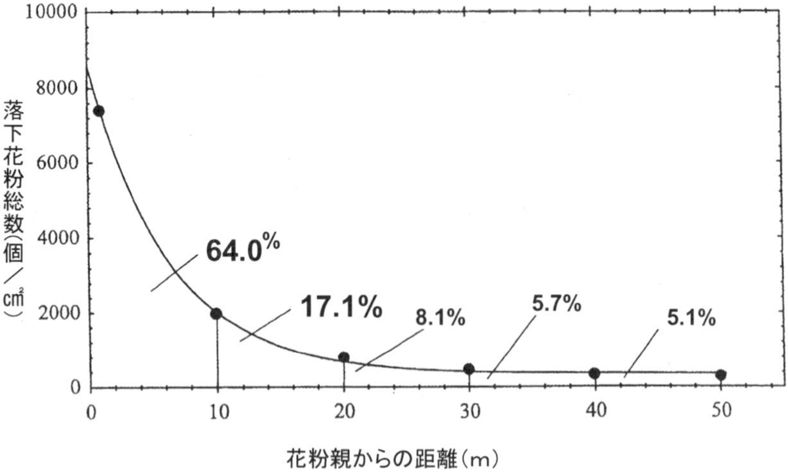


図 6.2　トウモロコシ圃場（花粉親）からの距離と落下した花粉総数との関係．落下花粉総数は，調査期間中（1999 年 7 月 25 日～8 月 12 日）にダーラム型花粉採集器で採集した花粉数の合計（松尾ら，2002）．

り，風媒花の花粉としては，大変大きいものである（Emberlin, 2000）．そのため，他の風媒植物と比べて落下する率が高い．トウモロコシ圃場からの距離ごとに落下する花粉量分布を調べるために，圃場からの距離ごとにダーラム型花粉採集器（図 6.1）を設置し，その中にワセリンを塗布したスライドグラスを置き，そこに付着した花粉を染色して数を調べてみる．その結果，圃場からの距離と花粉堆積量の積算値との関係（図 6.2）は，圃場から 30 m の範囲に花粉源から放出された花粉総量の 9 割近くが落下することが明らかになる（松尾ら，2002）．

わが国において遺伝子組換えトウモロコシからの花粉飛散による非組換えトウモロコシとの交雑に注目されたきっかけは，2000 年に起こった，いわゆる「スターリンク問題」である．これは，米国で栽培されていた飼料用の遺伝子組換えトウモロコシ品種「スターリンク」の種子が食品材料用種子に混入していた事件に端を発している．とくに，それらの種子がどのようにして混入したのか？あるいは生じたのか？という疑問に対して，流通経路に原因があるとする指摘の他に遺伝子組換えトウモロコシと周囲で栽培している非組換えトウモロコシとの交雑の可能性が指摘された．そのため，改めてトウモロコシ花粉は何 m まで飛ぶのか？ 交雑する確率はどの程度か？など交雑研究の必要性が指摘された．

わが国では実験に適した組換え体の入手や，一般圃場で栽培するに際しては，多くの制限が生じる．そのため，松尾ら（2003a）は，開花期がほぼ同調する市販のトウモロコシ品種を選択し，花粉親（花粉源）として，雌穂に黄色粒をつけるハニーバンタム，種子親（受粉側）には白色粒のシルバーハニーバンタムを用いた．種子親の交雑の有無は，キセニア現象により種子親の白色粒中に現れる黄色粒によって判定した（図 6.3）．キセニアとは，重複受精した際に花粉親の優性形質が胚乳に現れる現象で，ここで注目したトウモロコシ粒色の他，イネの糯（モチ）と粳（ウルチ）との関係がキセニアの現象として広く知られている．この調査では，市販のトウモロコシ品種を使用するため，一般圃場で多数のサンプルを対象に，簡易にまた正確に交雑率を推定することができる．また，当世代での交雑の判別ができるので，他の手法と

図 6.3　トウモロコシ雌穂中のキセニアによる交雑種子の分布．写真下の数値は，花粉源である花粉親からの距離を示す（松尾ら，2003）

比較して短期間に結果を得ることが可能である．キセニアを利用したこの調査法は，広く知られた遺伝学的な根拠に基づく簡便な手法で，条件の異なる各地での適用が可能である．また交雑の有無が視覚的に判別できるので，一般市民の理解を得やすい利点がある．

これらの調査の結果，花粉の堆積状況の傾向と同じように，圃場から離れるに従い平均交雑率は急激に減少することが確認された（図 6.4）．また，複数年の調査結果より，交雑率の年次変動に及ぼす影響の要因として，① 気象条件による影響，② 乱流が交雑に与える影響，③ 開花状態が交雑に与える影響が指摘された（川島ら，2004）．また，トウモロコシの一般的な隔離距離である 200 m を越えた範囲での交雑率について，上杉ら（2003），天野ら（2004）は，約 4.5 ha の圃場を使用し，風上側に花粉親としてハニーバンタム（60 m × 70 m，推定株数約 2.5 万株），風下側にシルバーハニーバンタム（400 m × 70m，推定株数約 17 万株）を配置し，花粉親からの距離と交雑率についての調査結果を報告している．それによると，両年とも花粉親から 200 m 以上離れた株に交雑が認められ，その平均交雑率はいずれも 0.1 %以

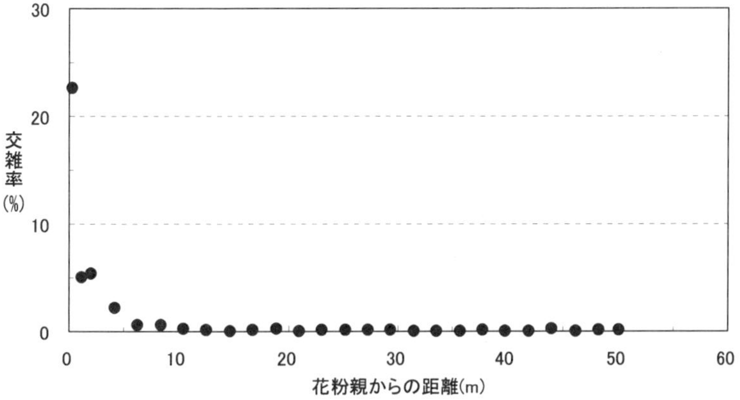


図 6.4　花粉親からの距離と交雑率との関係（松尾ら，2003b）

下であった．

海外においては，すでに採種のための隔離距離を推定する目的で，Jones & Brooks（1950）が花粉親から距離と交雑率との関係を報告している．それによると花粉親に最も近い畝の株で 25.4 %を示すが，200 m では 1.6 %まで減少し，最も離れた 500 m での平均交雑率は 0.2 %であった．同様に，Salamov（1940）は，花粉親から 10 m 離れた地点での株の交雑率（3.3 %）が花粉親から 700 m および 800 m 離れた株において 0.2 %まで減少することを報告している．

Jones & Brooks（1952）は，障害物を用いて交雑率を減少させるための実験の中で，防風林と下草の有効性を指摘している．それによると，このような障害物を越えた箇所では，交雑率が 50 %まで減少することを報告している．これは，トウモロコシ花粉の飛散は障害物や地表の状況などによる風向，風速の変化ときわめて密接な関係をもっており（Du ら，2001），その変化が交雑率に影響を及ぼすことを示すものである．そのため，今後，トウモロコシ花粉の飛散による環境影響の軽減など，リスク管理手法の開発を行う際には，モニタリング手法の開発と共に気象要因と生物的要因との相互関係を解析してゆくことが重要であると考えられる．

# 3. ナタネ

## (1) ナタネの生態

わが国では，種子からナタネ油をとる *Brassica*（アブラナ属）植物を総称してナタネ（菜種）と呼ぶが，大きく二つの植物から成っている．一つは，在来ナタネ（アブラナ，*B. rapa*）で，他の一つはセイヨウナタネ（セイヨウア

表 6.1　わが国におけるアブラナ属（*Brassica*）の栽培および野生化の状況
（長田（1976），清水ら（2001）より作成）

| 植物名 | | 栽培 | 野生（主たる生育地） |
|---|---|---|---|
| 学名 | 和名 | | |
| *B. napus* | セイヨウナタネ | ◎ | ◎（河川敷，畑周辺，空き地） |
| *B. rapa* | 在来ナタネ | ◎ | ◎（河川敷，畑周辺，空き地） |
| *B. juncea* | セイヨウカラシナ | ◎ | ◎（河川敷，畑周辺，空き地，線路沿い） |
| *B. oleracea* | キャベツなど | ◎ | なし |
| *B. nigra* | クロガラシ | ○ | ○（空き地，海岸） |

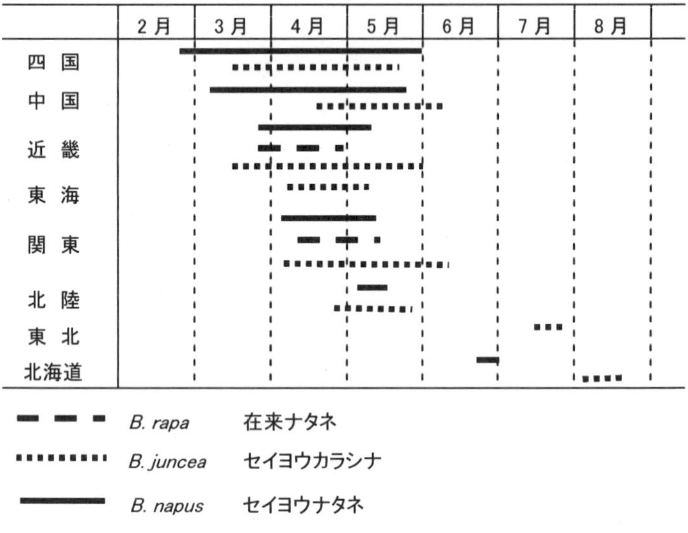


図 6.5　現地調査および標本庫（国立科学博物館，京都大学）調査に基づく，アブラナ属 3 種の開花期の推定（松尾・伊藤，2001）

ブラナ，*B. napus*）である（坂本ら，1989）．セイヨウナタネは，明治時代から搾油のために輸入され，広く栽培されたが（日向，1998），その後，需要は減少し，菜種油をとるための畑は急激に減ったものの，現在では，ほぼ日本全国に野生化して分布し，とくに河原や一部の線路沿いに群生している．一方，在来ナタネは耕作地の周囲などに比較的小さな群落で見ることができるが，景観植物としても利用されて，河川敷や公園などには大きな群落が作られることもあり，春先には一面に開花している．近縁なセイヨウカラシナ（*B. juncea*）もほぼ日本全国に分布し，本州の一部堤防上に大群落を形成している（表6.1）．また，これら3種の開花期が重なる地域も多く（図6.5），近接した個体群間では風や昆虫を介して花粉の移動が起こり，セイヨウナタネ同士ならびに近縁異種との交雑の可能性が指摘されている（松尾・伊藤，2001）．

### （2）セイヨウナタネの花粉飛散と交雑

#### 1）同種内における交雑

遺伝子組換えナタネの多くは，カノーラとよばれるセイヨウナタネの一品種である．セイヨウナタネは，主に自殖により種子を形成するが，他殖も行い12～47％の範囲で外交配することが報告されている（Beckerら，1992）．花粉の移動は主として昆虫によるが，風による移動も報告されている（Thompsonら，1999）．花粉を媒介する昆虫の中で，とくにミツバチとマルハナバチは受粉に大きな役割をはたし，長距離の花粉移動に関与するものと考えられている（OECD，1997）．

遺伝子組換えセイヨウナタネを用いた花粉飛散と同種内での交雑に関しては，主に除草剤耐性をマーカーとした研究が進められている（Schefflerら，1993；Downey, 1999；Beckieら，2001，2003）．図6.6は，Beckieら（2003）による報告に基づき，花粉親からの距離と平均交雑率との関係（両対数グラフ）を示したものである．実験設定や調査方法により，平均交雑率は大きく変動するが，いずれの報告でも，花粉親からの距離と共に交雑率は，急激に減少している．また，Stringam & Downey（1982）を除く他の報告を

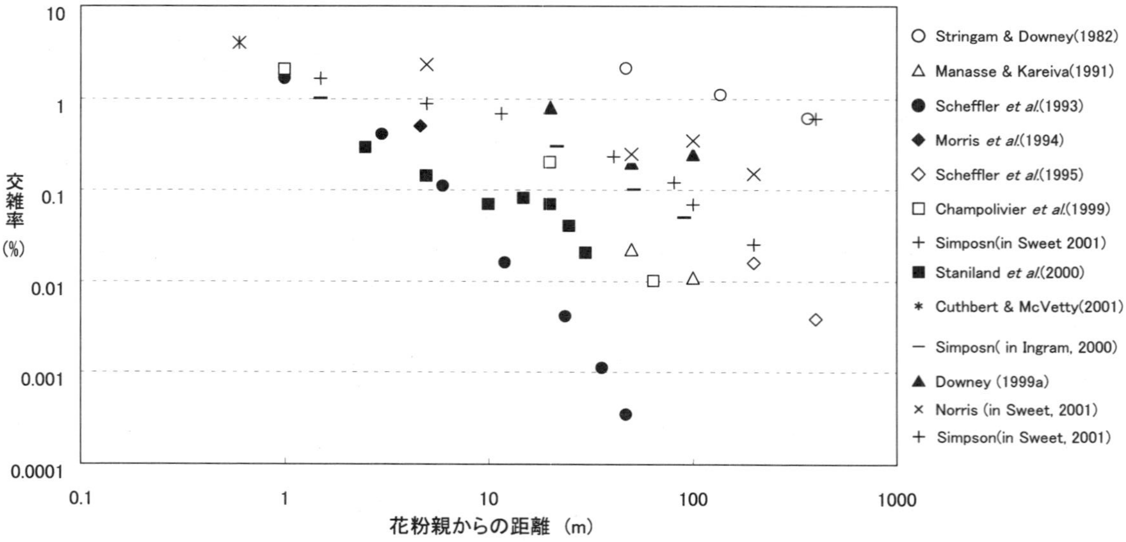


図 6.6　セイヨウナタネの花粉親からの距離と交雑率との関係（Beckie ら（2003）の資料より作成）

見ると，花粉親からの距離が 100 m を越えると平均交雑率が 1 %以下まで低下することがわかる.

オーストラリアやカナダで行われた研究の幾つかは，生産国の実情を反映して大変規模の大きなものである．とくに，オーストラリアの Rieger ら（2002）の研究では，除草剤クロルスルフロンに耐性をもつセイヨウナタネ（組換え体ではなく突然変異誘発剤を用いて作出）を材料にオーストラリアの三分の一をカバーするような幅広い環境条件下において行われ，花粉源は，25～100 ha の大規模な圃場を使用している．そこで得られた花粉源からの距離と交雑率との関係は，従来多くの植物で観察されていたような，花粉源からの距離が増すにつれ交雑率が指数関数的に減少する関係ではなく，低い交雑率（圃場当たりの最高値で 0.07 %）ながらも，3 km もの遠くまで不規則に変動した事例が観察されている.

また，カナダでは，1996 年および 1999 年より以下の 4 種類の除草剤に耐性を示すセイヨウナタネ（カノーラ）を栽培している．すなわち，グリホサート，グルホシネート，臭化キシニル，イミダゾリノンの除草剤それぞれに対し耐性を示すセイヨウナタネである．前の 3 種類は遺伝子組換え技術で作出され，残りのイミダゾリノン耐性のものは突然変異誘発剤を用いて作出されたものである．Hall ら（2000）は，グリホサート，グルホシネート，イミダゾリノン耐性セイヨウナタネを隣接して栽培し，グルホシネート，イミダゾリノン耐性品種栽培圃場から採取した自生セイヨウナタネ（volunteer canola；グルホシネート，イミダゾリノン耐性カノーラのこぼれ種子が埋土種子となり発芽したもの）に由来する実生にグリホサートを散布した．その結果，生存した個体にはグリホサートあるいはイミダゾリノンに耐性を示すものが多数見つかった．その上，選抜した 924 個体中の 2 個体は，グリホサート，グルホシネート，イミダゾリノンの 3 除草剤に対し抵抗性を示した．これらは，隣接した圃場間における自然交雑の結果，グリホサート/イミダゾリノン耐性の自生セイヨウナタネとグリホサート/グルホシネート耐性の自生セイヨウナタネ間相互における花粉を介した交雑の結果であることが判明した．しかし，このような新たな形質を獲得した自生セイヨウナタネに対しては，耕起や安価な 2, 4 D と MCPA のようなオーキシン除草剤の使用により防除することが可能であり，除草剤耐性の自生セイヨウナタネに関する総合的な管理法が確立されている（Hartman, 2002；Hall, 2002 からの引用）.

## 2）近縁種との交雑

Scheffler & Dale（1994）は文献情報に基づき，セイヨウナタネと近縁なアブラナ科 17 種について，セイヨウナタネとの交雑親和性の順位付けを行い，在来ナタネおよびセイヨウカラシナをそれぞれ 1 位と 2 位に位置付けしている．わが国では表 6.1 で示すような，近縁 4 種について注目する必要がある．しかし，自然交雑や戻し交雑による種子形成などに関する報告（表 6.2）に基づき，野外での自然交雑を考える際には，Scheffler & Dale（1994）らの指摘のように在来ナタネおよびセイヨウカラシナの 2 種についての生態的特性を明らかにしながら調査を進めてゆく必要がある.

在来ナタネ（*B. rapa*）はカナダにおいては，畑に埋土種子として残存し，次年度に発生する volunteer weed としてやっかいな存在である．また，カナダでは本種は粗放な管理地へ初期に侵入する植物，あるいは攪乱地へ侵入する植物として位置づけられている（CFIA, 1999）．しかし，このような在来ナタネの生態的特性の記述はわが国における同種のものとはやや異なる印象を受ける．わが国では，在来ナタネは作物としての有用性はきわめて高いが，強害雑草としての報告は，見当たらず，海外で耕地雑草として問題とな

表 6.2　セイヨウナタネ（*B. napus*）を花粉親とした場合の種間交雑種子の形成
（OECD（1997）より作成）

| 種子親（♀） | *B. rapa*（在来ナタネ） | *B. juncea*（セイヨウカラシナ） | *B. oleracea*（キャベツ） | *B. nigra*（クロガラシ） | *B. carinata*（アビシニアガラシ） |
|---|---|---|---|---|---|
| 自然交雑による種子形成 | ○ | ○ | | ○ | |
| $F_1$ 種子形成（除雄，人工交配） | ○ | ○ | ○ | ○ | ○ |
| $F_2$ 種子形成（除雄，人工交配） | ○ | ○ | | | ○ |
| 戻し交雑による種子形成 | ○ | ○ | | | ○ |

っている wild turnip（ssp. *sylvestris*），turnip rape（ssp. *oleifera*），turnip（ssp. *rapa*）の分布は報告されていない（竹松・一前，1993）．しかし，セイヨウナタネと在来ナタネは共に A ゲノムを有することにより，交雑親和性が高く（Norris ら，2004），海外では両者の自然交雑についても多くの結果が報告されている（Jørgensen & Anderson, 1994；Jørgensen ら，1998）．これらの結果によると，実験によって得られた種子の 0～69％は，交雑種子であるが，両親の遺伝子型，実験設計，圃場管理，個体群の大きさや場所などにより大きく変動することが報告されている（Jørgensen，1999）．また，Warwick ら（2003）は，カナダに分布するセイヨウナタネと近縁な野生種との交雑性について除草剤耐性，AFLP マーカーや倍数性など複数の形質を利用して行った研究結果を報告している．その中で，セイヨウナタネを花粉親とした場合の在来ナタネとの平均交雑率は，個体群によって変動はあるものの 7～14％を示し，高い個体では 53％を示した．また，交雑個体 $F_1$ の形態は，種子親のアブラナに類似するものの 3 倍体（AAC, 2 n = 29）で，花粉稔性が約 55％まで減少することが明らかになっている．また，セイヨウカラシナはヨーロッパ北部では，雑草として自生しているためセイヨウナタネとの自然交雑についても研究されており，交雑率は両種の混植率によって変動するが得られたセイヨウカラシナの約 3％が雑種であったことが報告されている（Frello ら，1995；Jørgensen ら，1998）．また，花粉の稔性は，かなり低く，0～28％まで低下した（Frello ら，1995）．このように，これまでにセイヨウナタネと近縁種間での交雑実験の報告や雑種個体の記載は，幾つか報告されているが，野生種において浸透性交雑により生じた雑種個体が確認されているのは，現在のところセイヨウナタネと在来ナタネとの雑種のみである（Chevre ら，2004）．今後，これらの雑種個体群の生態的特性についての解析が進むことにより，遺伝子組換えセイヨウナタネの近縁野生種への影響をより詳しく知ることが出来ると考えられる．

### 3）わが国でのセイヨウナタネと近縁種間での交雑の可能性

わが国では，原材料用セイヨウナタネの 99％以上を海外からの輸入に依存しており，産業利用のための栽培は，きわめて少ない．そのため，遺伝子組換えナタネ（GM *Brassica napus*）からの花粉飛散による近縁種間での交雑と生態的影響を想定する際には，カナダやアメリカにおける大規模栽培地における研究例に基づくより，こぼれ種子に由来する個体や耕作地から逸出した個体などによる小規模個体群からの花粉の飛散と遺伝子拡散を想定する方がわが国の実情に合うように思われる．また，セイヨウナタネとの生態的な類似性や交雑親和性など（表 6.2）を考慮すると在来ナタネとセイヨウカラシナ，これら 3 種間における相互関係の解明が重要である．

松尾ら（2005）は，これら 3 種が混生する雑草群落において，交雑個体の分布の有無，交雑種子形成の有無と頻度を形態，相対 DNA 量（フローサイトメトリー：FCM）および RAPD マーカーを組み合わせて調査した．その結果，交雑個体の生育は認められなかったもののセイヨウナタネと在来ナタネ間において低頻度ではあるが交雑種子が形成されていることを確認している．

圃場で人工的な個体群を用いて在来ナタネとセイヨウナタネとの交雑を調査する際には，交配親の遺伝子型，実験設定（混植率など），圃場の管理方法，個体群の大きさによって大きく変動することが知られている（Jφrgensen, 1999）．本研究の主たる調査地である個体群は，きわめて小さなサイズであるため，交雑種子の検出率も 1 ％以下の低い値で変動したと考えられる．しかし，自然交雑率は前述のように変動が大きいため，より多くの個体を材料に測定する必要がある．カナダでは，Warwick（2003）らが除草剤耐性遺伝子組換えセイヨウナタネ（GM *B. napus*）と在来ナタネ（*B. rapa*）との自然交雑に関する研究を積極的に行っている．交雑の判定は，除草剤に対する耐性をマーカーとし，発生した個体に特定除草剤を散布して，一定期間後の個体の生残個体数で判定するもので，大量の材料について明瞭で簡易に行うことが出来る．わが国では，野外で組換え体を用いて実験するには多くの制限があるため，明らかなマーカーがない場合には野生個体や非組換えセイヨウナタネを用いて交雑率調査を行う際，上述のように大量の個体を解析することはきわめて困難である．その際，フローサイトメーターの使用は，短時間（一検体当たり約 5～10 分）で在来ナタネとセイヨウナタネの交雑の有無を判定することが可能で，多くのサンプルをスクリーニングするためには比較的有効な手法と考えられる．しかし，セイヨウナタネとセイヨウカラシナとの自然交雑例は報告されているが，両種の相対 DNA 量は近似しているため，FCM のみで両者間の交雑個体，あるいはそれぞれの種と在来ナタネとの交雑個体の花粉親を確定することは，不十分である．この場合は，複数の RAPD マーカーを組み合わせた解析による花粉親の判定が必要になる．

## 4．遺伝子組換え作物の生態的影響に関する研究の方向性について

遺伝子組換え作物と近縁野生種との交雑性に関する関係は，作物から野生種への影響という，研究例の少ない分野である．そのため，これまでの農学，生態学，遺伝学などの複数の領域の情報と技術を利用して，臨んでゆく必要がある．Wolfenbarger & Phifer (2000) は，組換え作物の導入が経済や環境に損害 (harm) を及ぼすまでの過程を二つの経路に分けて示している．一つは，組換え作物圃場から逸出した組換え作物そのものが管理区域外で繁殖し，個体群を拡大して経済や環境に損害を及ぼすまでの経路である．もう一つは組換え作物からの花粉飛散による近縁野生種との交雑から始まる経路である．とくに後者では，最終的に経済や環境に損害を及ぼすまでのステップを７段階に分けて示してある．まず，組換え作物からの花粉が飛散し近縁野生種が受粉する段階 (ステップ A)，雑種が形成される段階 (ステップ B)，雑種個体が生存してゆく段階 (ステップ C)，雑種個体が繁殖してゆく段階 (ステップ D)，近縁野生種へ組換え遺伝子が浸透してゆく段階 (ステップ E)，そして雑種個体群の拡大と維持，それにより経済あるいは環境への損害が発生する・・・と続いている．すなわち，組換え作物の導入から損害が発生するまでには，上記の六つの段階 (ハードル) を超えて行く必要があり，それは近縁野生種の生活史特性および交雑によって新たに得られた形質と環境条件との相互作用により決定される．そして，最終的なリスクは個々のステップの結果と発生頻度に依存している．また，同様に Chevre ら (2004) も，これ

までに報告された数多くの文献に基づいて，組換えセイヨウナタネから近縁野生種への浸透性交雑（introgression）の評価を以下の5点に注目して行っている．すなわち，i）作物と近縁な野生種が近く（同所的）に生育し，開花期が同調すること，ii）生殖能力のある雑種個体が作られ，生存すること，iii）戻し交雑が順調に進み導入遺伝子が伝達されること，iv）作物と近縁野生種間で安定した浸透性交雑が起こること，v）浸透性交雑した遺伝子が自然集団内で維持され，新しい雑草が定着する可能性があることである．

これまでに紹介されている組換え作物と同種あるいは近縁な野生種との交雑に関する状況や研究の多くは，Wolfenbarger & Phifer（2000）によるステップB（雑種形成）あるいはステップC（雑種の生存）までの事例であり，今後は，次のステップD，Eにおける生物的要因あるいは環境要因に関する解析が必要である．

## 文　献


天野克紀・松尾和人・川島茂人・三澤　孝・伴　義之・岡　三徳 2004. トウモロコシ花粉の長距離飛散と交雑に関する研究（第2報），育種学研究 6（別1），160.

Becker, H. C., C. Damgaard and B. Karlsson 1992. Environmenal variation for outcrossin rate in rapeseed (*Brassica napus*) Theor Appl Genet 84 : 303-306.

Beckie, H.J., L.M. Hall and S.I. Warwick 2001. Impact of herbicide-resistant crops as weeds in Canada. *In* : proceedings of the BCPC Conference-Weeds 2001, vol. 1 : 135-142.

Beckie, H.J., I. W. Warwick, H. Nair and G. Seguin-Swartz 2003. Gene flow in commercial fields of herbicide-resistant canola (*Brassica napus*) Ecological Applications 13 (5) : 1276-1294.

CFIA 1999. Regulatory directive dir 1999-02 : The biology of *Brassica rapa* L., Canadian Food Inspection Agency, http://www.marz-kreations.com/WildPlants/CRUC/Docs/BRSRA/BrassicaRapa.pdf

Champolivier, J., J. Gasquez,J., A. Messean and Richard-Molrad M. 1999. Management of transgenic crops within the cropping system. *In* : BCPC Symposium proceedings No. 72 : 233-240.

Chevre A.-M., H. Ammitzboll, B. Breckling, A. Dietz-Pfeilstetter, F. Eber, A. Fargue, C. Gomez-Campo, E. Jenczewski, R.B. Jørgenses, C. lavigne, M.S. Meier, H.C.M. den Nijs, K. Pascher, G. Seguin-Swartz, J. Sweet, C.N. Stewart Jr. and S. Warwick 2004. A review on interspecific gene flow from oilseed rape to wild relatives. *In* : H.C.M. den Nijs, D. Bartsch & J. Sweet (ed.) Introgression from genetically modified plants into wild relatives. CABI Publishing, Oxfordshire, UK, 235-251.

Downey, R.K. 1999. Gene flow and rape ? the Canadian experience. *In* : BCPC Symposium proceedings No. 72 : 109-116.

Du M., S. Kawashima, K. Matsuo, Y. Yonemura and S. Inoue 2001. Simulation of the effect of a cornfield on wind and on pollendeposition. *In* : MODSIM 2001 proceedings vol. 2 : Natural Systems (Part Two), 899-903.

Emberlin J. 1999. A report on the dispersal of maize pollen, http://www.mindfully.org/GE/Dispersal-Maize-Pollen-UK.htm

Eastham K. and J. Sweet 2002. Genetically modified organisms (GMO's) : The significance of gene flow through pollen transfer. Environmental issue report. No. 28. European Environmental Agency.

Frello S, K.R. Hansen, j. Jensen and R.B. Jørgensen 1995. Inheritance of rapeseed (*Brassica napus*)-specific RAPD markers and a transgene in the cross *B. juncea* x (*B. juncea* x *B. napus*). Theoretical and Applied Genetics 91 : 236-241.

日向康吉 (1998) 菜の花からのたより－農業と品種改良と分子生物学と－ pp. 184 裳華房，東京.

Hall L., K. Topinka, J. Huffman, L. Davis and A. Good 2000. Pollen flow between-herbicide resistant *Brassica napus* is the cause of multiple resistant *B. napus* volunteers. Weed Science 48 : 688-694.

Hall L., K. Topinka, M. Hartman and A. Good 2002. Agronomic effects of gene flow: multiple resistance in volunteer crop plants. *In* : Proceedings of the 7th International Symposium on the Biosafety of Genetically Modified Organisms, pp. 52-58.

Hartman, M. 2002. http://www.agric.gov.ab.ca/crops/canola/outcrossing.html, Aug 30, 2002.（Hall ら，2002 より引用）

Ingram, J. 2000. The separation distance required to ensure cross-pollination isbelow specified limits in non-seed crops of sugar beet, maize and oilseed rape. Plant Varieties and Seeds 13 : 181-199.（Beckie ら，2003 より引用）

Jones, M.D. and J.S. Brooks 1950. Effectiveness of distance and border rows in preventing outcrossing in corn. Oklahoma Agricultural Experimental Station, Techinical Bulletin No. T-38.

Jones, M.D. and J.S. Brooks 1952. Effect of tree barriers on outcrossing in corn. Oklahoma Agricultural Experimental Station, Techinical Bulletin No.T-45.

Jørgensen R.B., B. Anderson 1994. Spontaneous hybridaization between oilseed rape (*Brassica napus*) and weed *B. campestris* (Brassicacea) : A risk of growing genetically modified oilseed rape. American Journal of Botany 81 (12) : 1620-1626.

Jørgensen R.B., B. Anderson, T.P. Hauser, L. Landbo, T.R. Mikkelsen and H. Østergard 1998. Introgression of crop genes from oilseed rape (*Brassica napus*) to related wild species? an avenue for the escape of engineered genes. Acta Horticulturae 459 : 211-217.

Jørgensen R.B. 1999. Gene flow from oilseed rapa (*Brassica napus*) to related species. *In* : BCPC Symposium proceedings No. 72 : 117-124.

河川水辺の国勢調査年鑑（河川版）植物調査編 2000. CD-ROM 版，山海堂，東京.

川島茂人・松尾和人・杜　明遠・岡　三徳・大同久明・高橋裕一・小林俊弘・井上　聡・米村正一郎 2002. 花粉によるトウモロコシの交雑率とドナー花粉源距離との関係，日本花粉学会会誌 48 (1) : 1-12.

川島茂人・松尾和人・芝池博幸・井上　聡・岡　三徳・杜　明遠・高橋裕一・米村正一郎 2004. 気象条件が花粉飛散を介してトウモロコシの交雑率に与える影響，農業気象 60 (2) : 151-159.

Losey J.E., Rayor L.S. and Carter M.E. 1999. Transgenic pollen harms monarch larvae. Nature 399 : 214.

Manasse, R. and P. Kareiva 1991. Quantifying the spread of recombination genes and organisms *In* : L. Ginzburg ed. Assessing ecological risks of biotechnology : 215-231.

松尾和人・伊藤一幸（2001）*Brassica* 属3種の野生個体群の生態と混生群落における遺伝子流動の解析，雑草研究，第46巻別号：224-225.

松尾和人・川島茂人・杜　明遠・斎藤　修・松井正春・大津和久・大黒俊哉・松村　雄・三田村　強（2002）Bt 遺伝子組換えトウモロコシの花粉飛散が鱗翅目昆虫に及ぼす影響評価，農環研報 21：41-73.

松尾和人・芝池博幸・川島茂人・岡　三徳　2003 a. トウモロコシ花粉の飛散特性とキセニアを用いて推定した交雑率との関係，育種学研究 5（別1），271.

松尾和人・川島茂人・岡　三徳　2003 b. キセニアを利用したトウモロコシ交雑率の簡易調査法．農業環境研究成果情報　第19集：30-31.

松尾和人・芝池博幸・吉村泰幸・川島茂人・岡　三徳　2004. トウモロコシ花粉の飛散特性とキセニアを用いて推定した交雑率の年次変動，育種学研究 6（別1）：159.

松尾和人・小林俊弘・田部井豊　2005. 組換え体植物の開放系での利用に伴う遺伝子拡散のリスク評価のための基礎的研究，遺伝子組換え体の産業利用における安全性確保総合研究，研究成果 428：161-168.

Morris, W.F., P.M. Kareiva and P.L. Raymer 1994. Do barren zones and pollen traps reduce gene escape from transgenic crops? Ecological Applications 4（1）: 157-165.（Beckie ら，2003 より引用）

Norris, C., J. Sweet, J. Parker and J. Law 2004. Implications for hybridization and introgression between oilseed rape（*Brassica napus*）and wild turnip（*B. rapa*）from agricultural perspective. *In* : H.C.M. den Nijs, D. Bartsch & J. Sweet（ed.）Introgression from genetically modified plants into wild relatives. CABI Publishing, Oxfordshire, UK, pp. 107-123.

OECD 1997. Consensus document on the biology of *Brasssica napus*（Oilseed Rape）, OECD Environmental health and safety publications, Series on harmonization of regulatory oversight of biotechnology, No. 7, p. 16, http://www.oecd.

org/biotrack/

長田武正 1976. 原色日本帰化植物図鑑, 保育社, 大阪, 263-264.

Raybould, A.F. and A.J. Gray 1993. Genetically modified crops and hybridization with wild relatives : a UK perspective. Journal of Applied Ecology 30 : 199-219.

Reiger M.A., M. Lamond, C. Preston, S.B. Powles and R.T. Roush 2002. Pollen-mediated movement of herbicide resistance between commercial canola fields. Science 296 : 2386-2388.

Salamov A.B. 1940. About isolation in corn. Sel. i. Sem., 3.(Jones & Brooks, 1950, および Emberlin, 2000 より引用)

坂本寧男・平岡達也・星川清親・浅山英一・堀田　満・新田あや・鈴木晋一・八木哲浩・豊国やなぎ・菅原龍幸・荒俣　宏 1989.アブラナ属, 堀田　満ほか編 世界有用植物辞典, 平凡社, 東京, 163-173.

Scheffler J.A.,R. Parkinson and P.J. Dale 1993. Frequency and distance of pollen-dispersal from transgenic oilseed rape (*Brassica napus*). Transgenic Research 2 : 356-364.

Scheffler J.A. and P.J. Dale 1994. Opportunities for gene transfer from transgenic oilseed rape (*B. napus*) to related species. Transgenic Research 3 : 263-278.

Scheffler J.A.,R. Parkinson and P.J. Dale 1995. Evaluating the effectiveness of isolation distance for field plots of oilseed rape ( *Brassica napus* ) using a herbicide-resistance trangene as a selectable marker. Plant Breeding 114 : 317-321.

清水矩宏・森田弘彦・廣田伸七　編・著 2001. カラシナ, セイヨウアブラナ　p. 90 日本帰化植物写真図鑑－ Plant invader 600 種－全国農村教育協会, 東京.

Staniland, B.K., P.B.E. McVetty, L.F. Friesen, S. Yarrow, G. Freyssinet and M. Freyssinet 2000. Effectiveness of border areas in confining the spread of transgenic *Brassica napus* pollen. Canadian Journal of Plant Science 80 : 521-526.

Stringam, G.R. and R. K. Downey 1982. Effectiveness of isolation distance in seed production of rapeseed ( *Brassica napus* ) Agronomy Abstracts : 136-137.

（Beckie ら，2003 より引用）

Sweet, J.B. 2001. Genetically modified organisms (GMOs) : The significance of gene flow through pollen transfer. European Science Foundation-European Environment Agency Report. (Beckie ら，2003 より引用)

竹松哲夫・一前宣正 1993. アブラナ科 世界の雑草Ⅱ：393-483 全国農村教育協会.

Thomas, A.G. and J.Y. Leeson 1999. Persistence of volunteer wheat and canola using weeds survey data. ***In*** : Proceedings of the 1999 Expert Committee on Weeds. 91. (Hall ら，2002 より引用)

Thompson, C.E., G. Squire, G.R. Mackay, J.E. Bradshaw, J. Crawford and G. Ramsay 1999. Regional pattern of gene flow and its consequence for GM oilseed rape. ***In*** : BCPC Symposium proceedings No.72 : 95-100.

上杉伸一・松尾和人・川島茂人・三浦義徳・伴　義之・岡　三徳 2003.トウモロコシ花粉の長距離飛散と交雑に関する研究，育種学研究５(別１)，p. 272.

Warwick, S.I., M.J.Simard, A.L.Legere, H.J. Beckie, L. Braun, B.Zhu, P. Mason, G. Seguin-Swartz and C.N. Stewart 2003. Hybridization between transgenic *Brassica napus* L. and its wild relatives : *Brassica rapa* L., *Raphanus raphanistrum* L. *Sinapsis arvensis* L. and *Erucastrum gallicum* (Willd.) O.E Schultz Ther Appl Genet 107 : 528-539.

Wolfenbarger L.L. and P.R. Phifer 2000. The ecological risks and benefits of genetically engineered plants. Science 290 : 2088-2093.

# 第7章
# 遺伝子拡散防止措置

田部井　豊
農業生物資源研究所新生物資源創出研究グループ

## 1. はじめに

1972年に，大腸菌を用いて初めて他生物の遺伝子を導入することに成功した．遺伝子組換え技術は，現在，組換え微生物を用いてインスリンや成長ホルモン，インターフェロンなどの医薬品が生産され，また洗剤用酵素の生産などにも利用されており，産業的にきわめて重要な技術である．植物分野では，1982年に遺伝子組換え植物が初めて作出され，その後の研究の進展はめざましく，1986年には米国において初めて野外栽培試験が行われた．1994年に世界で初めての遺伝子組換え食品である日持ち性を改良した組換えトマト（フレイバーセイバー）が商品化された．1996年から，特定の除草剤の影響を受けないダイズ，害虫抵抗性トウモロコシやジャガイモ，ワタなど，農業生産性を向上させるうえで重要な役割を果たしていく組換え農作物の商業栽培が開始された．1996年における，組換え農作物の世界における栽培総面積は170万ヘクタールであったが，その後急速に増加し，2005年には，21カ国（James, 2005，図7.1）で遺伝子組換え農作物が商業栽培され，その栽培総面積は9,000万ヘクタールであった（James, 2005，図7.2）．これは，1996年の約53倍に増加したことになり，わが国の総耕地面積の約20倍に及ぶ．1990年代後半は，先進国で栽培面積が急速に広まっていたが，近年ではインドなどの発展途上国における栽培面積の増加が著しく，遺伝子組換え農作物の特性が，先進国だけでなく発展途上国の農業生産性向上にも貢献するものであることを物語っている．

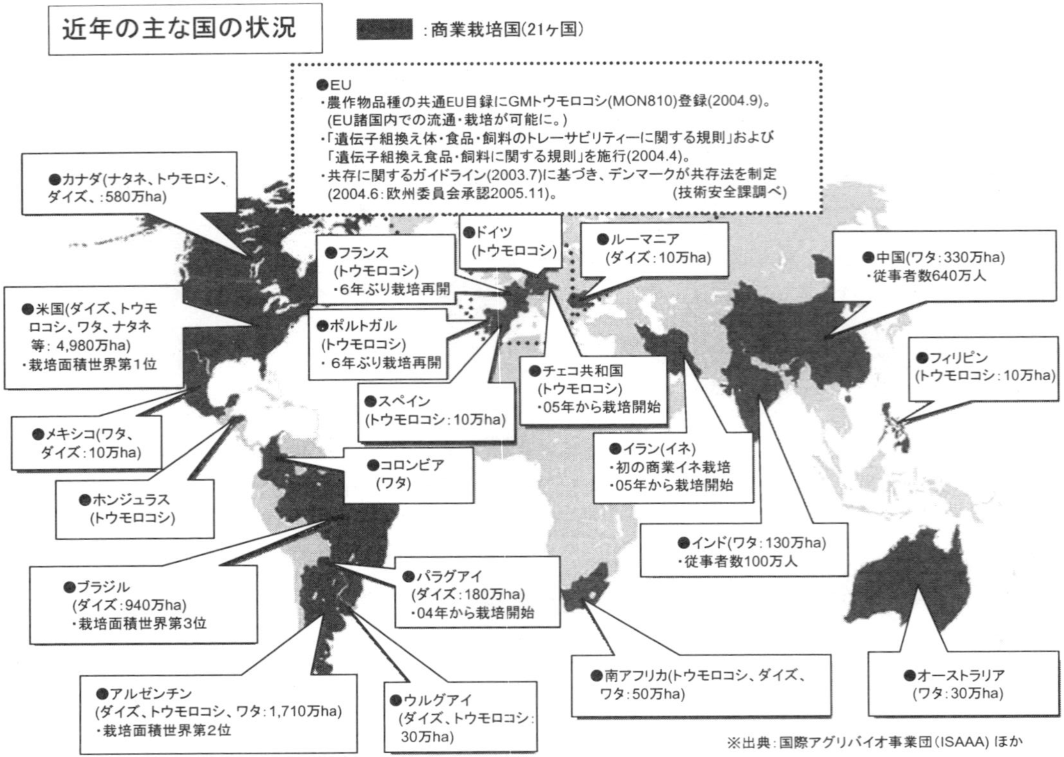


図 7.1　2005 年に遺伝子組換え農作物を商業栽培した国（James, 2005）

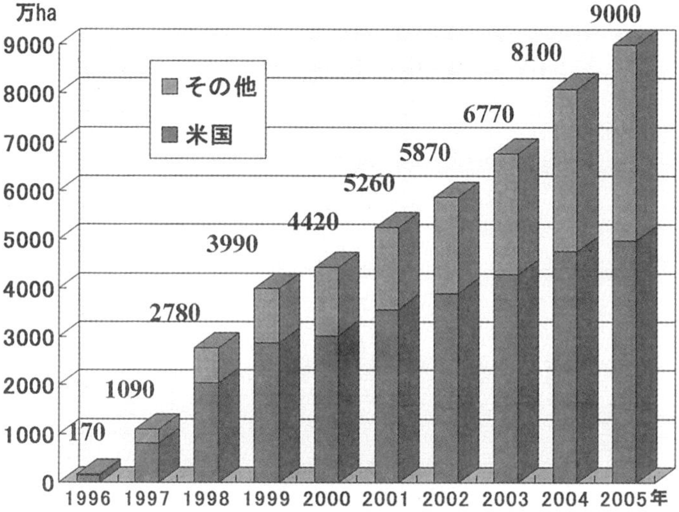


図 7.2　遺伝子組換え農作物の栽培総面積の推移（James, 2005）

## 2. 遺伝子組換え農作物の安全評価システムと消費者の意識

### （1） わが国の安全審査システム

遺伝子組換え生物などの安全性は，「遺伝子組換え生物等の使用等の規制による生物の多様性の確保に関する法律」（以下「カルタヘナ法」とする．）に基づき行われる．まず，外界から遮断された実験室および閉鎖系温室，特定網室（これらを総称して「第２種使用等」という．）で遺伝子組換え生物の作出および解析を行う．その後，現在のところ遺伝子組換え農作物に限られるが，外界と遮断されていない隔離ほ場や一般ほ場における栽培，または食品などの加工原材料や飼料として利用するため海外から生育可能な種子などの形態で輸入される利用（これらを総称して「第１種使用等」という．）では，わが国の生物多様性への影響を評価して，農林水産大臣および環境大臣の認可を得る必要がある（田部井，2005a）．また，遺伝子組換え農作物を食品や飼料として利用する場合には，内閣府食品安全委員会において安全性審査を

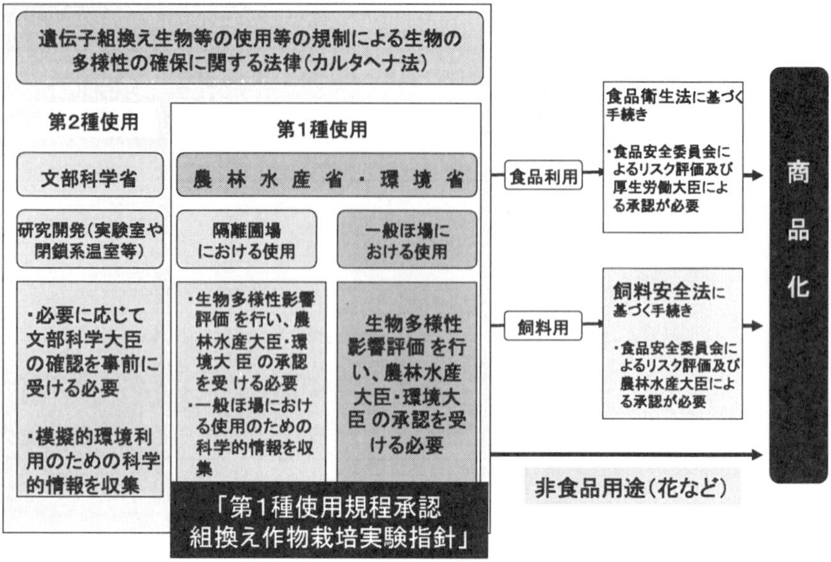


図 7.3　日本における遺伝子組換え農作物の安全性評価

行い，最終的には厚生労働大臣から食品としての安全性の認可を，また農林水産大臣から飼料としての安全性の認可を得て，商業利用できる（図 7.3）.

カルタヘナ法は，経済開発協力機構（OECD）における検討や「バイオセーフティに関するカルタヘナ議定書」に従って整備された評価の枠組みであり，食品衛生法による遺伝子組換え食品の安全性は，OECD や FAO/WHO 合同食品規格委員会（CODEX）の検討を踏まえて策定されている.

### （2）一般消費者の遺伝子組換え農作物に関する意識

遺伝子組換え技術や遺伝子組換え農作物に関して，一般市民の意識調査をしたところ，回答者の約 7～8 割が，遺伝子組換え技術に対する期待や技術としての有用性を認めていると回答している．しかし，安全性については，約 7～8 割の回答者が何らかの不安を感じている結果となっている．不安の理由として，食品としての安全性確認が不十分，花粉飛散により遺伝子拡散が生じて生態系へ影響，長期に摂取した場合の安全性などがあげられている

（農林水産先端技術産業振興センター，2003）．アンケートにより多少のばらつきはあるが，一般の消費者に「遺伝子組換え農作物を安心と思うか，否か？」と問われれば，何となく不安という回答が主流となる．これは，「遺伝子組換え」という言葉のイメージや，豆腐や納豆に「遺伝子組換えでない」という食品表示があるため，遺伝子組換え農作物のマイナスのイメージが付いているためと思われる．

### （3）最近のヨーロッパ共同体（EU）の施策

一般に EU は遺伝子組換え農作物の栽培に慎重な立場であるように思われている．事実，1998 年から 2003 年まで，モラトリアムを行い新規の遺伝子組換え農作物の認可を凍結していた．しかし，2004 年 4 月から，食品および飼料に関する規則（Regulation（EC）No. 1829/2003）および表示・トレーサビリティに関する規則（Regulation（EC）No. 1830/2003）が施行された．さらに 2004 年 9 月には，すでにモラトリアム以前から認可されていた Bt トウモロコシ（MON810）関連の 17 品種の種子が，欧州共通種子カタログに搭載されることで，域内の流通・商業栽培を認められた．EU 域内において，遺伝子組換え農作物の栽培が現実的な課題となるなか，2003 年頃から共存ルールの策定が重要な懸案事項となってきた．「共存」（coexistence）により，遺伝子組換え農作物，非遺伝子組換え農作物，有機農業の三者の権利を認めて共存し，生産者が選択できるためのルール作りをめざしている．欧州委員会は，共存のためのガイドラインを 2003 年７月に公表し（European Commission, 2003），さらに加盟各国がそれぞれの農業事情などを勘案して共存方策をとることができる法的根拠を EU レベルで与えるため，2003 年７月の食品・飼料規則採択の際に，環境放出指令（2001/18/EC）が一部改正されて，第 26 条（a）として，「加盟国は，他の製品への意図せざる GMO 混入を回避するために適切な方策を講じることができる」とする条項が付加された（立川，2005）．EU 各国では，すでに共存ルールの策定が進められており，さまざまなルールが策定されている．そのなかでも，2004 年 6 月に，デンマークにおいて世界で初めての共存法が制定されたことは注目に値する

(立川，2005).

## 3．「生物学的封じ込め」の意義ついて

わが国では，過去に色変わりカーネーションの商業栽培が行われた時期はあったが，現在のところ，カーネーションだけでなくダイズやトウモロコシなどの商業栽培は行われていない．これは遺伝子組換え農作物に対する国民的理解の促進が進んでいないことと同時に，国民の不安に応えるようなルール，すなわちEUで行われているような共存ルールの整備が進められていないことも要因になっていると思われる．国民の不安として，前述の「一般消費者の遺伝子組換え農作物に関する意識」で述べたように，食品としての安全性とともに遺伝子拡散による生態系への影響や，交雑により非遺伝子組換え農作物と交雑することに対する不安などであることから，共存ルールのように法的な規制のもとに，国民の懸念を払拭するように交雑や混入を防止を図ることも必要と思われるが，それとともに，技術的に遺伝子拡散防止を行うことも必要と思われる．

しかし，遺伝子拡散防止措置は，国民の懸念に応えるだけでなく，今後，以下のようなさまざまな理由から必要になると考える．

### (1) 生物多様性への影響防止

現在商品化されている遺伝子組換え農作物は，除草剤耐性や害虫抵抗性などの特性を付与されたものであり，特定の除草剤の使用や極度の害虫の発生がない限り優占種になるとは考えられない．しかし，低温や高温，乾燥，塩害などの様々な環境ストレス耐性や生育特性を著しく改変し，環境中で優占種となり得る特性が導入された遺伝子組換え農作物であって，さらにわが国に交雑可能な近縁野生種が存在する場合，これらの遺伝子組換え農作物と野生種が交雑し，野生種の生育特性が従来の植物に比べて優占種になる可能性が想定される．そのようなケースでは，近縁野生種への遺伝子拡散を積極的に防止することが必要になると思われる．

### （2）非食用の遺伝子組換え農作物の利用

世界的に栽培されている遺伝子組換え農作物は，除草剤耐性や害虫抵抗性など農業生産性を向上させるものであり，食用として開発された第一世代の遺伝子組換え農作物とよばれるものである．したがって，食品や飼料としての安全性を確認された後に商品化されるため，法的に安全性は担保されている．しかし，健康機能性や医薬品などを生産する第二世代とよばれる新たな遺伝子組換え植物（保田・高岩，2005；鈴木・高岩，2005），さらに環境修復や工業原材料を生産する遺伝子組換え植物も開発されつつある．これら第二世代や新たな遺伝子組換え植物では，食用として利用しない遺伝子組換え植物も多く含まれ，遺伝子組換え食品や飼料としての安全性を確認しないケースが考えられる．このような遺伝子組換え植物は，結果として食品や飼料として安全であっても，法的には食品として流通することは認められず，当然のことながら食用の農作物との交雑・混入は避けなければならない．そこで，交雑防止の観点からは，さまざまな技術を用いた確実な遺伝子拡散防止措置や遺伝子組換え農作物の生育制御手法などの「生物学的封じ込め」が求められている．

## 4．「生物学的封じ込め」に関する技術開発

遺伝子組換え生物の生物学的封じ込めには多様な手法がある（National Research Council, 2004，表 7.1 を参照）．遺伝子組換え農作物の生物学的封じ込めには，植物が有する特性の利用や栽培条件などの管理手法による場合と，遺伝子操作により生物学的封じ込めに関わる特性を付与する場合がある．花粉を不稔にする雄性不稔や葉緑体への遺伝子導入については比較的多くの研究例があるが，適応できる作物種が限られるとともに，これまで花粉飛散抑制技術として利用された例はない．遺伝的な利用を制限する技術（GURT：Genetic Use Restriction Technology）として，種子発芽を抑制する技術（V-GURT：Variety-GURT）や目的の形質を制御する技術（Trait-GURT：T-GURT）がある．しかし，表 7.1 に示した生物学的封じ込めの手法の多くは，まだ技術的に未完成なものであり，単一の技術に完璧な生物学

表 7.1　植物における生物学的封じ込め

| 目的 | 方法 | 実用性（科学的制限） | 利用の留意点 |
|---|---|---|---|
| 花粉や種子による遺伝子流動を制御 | 不稔の３倍体あるいは種間雑種 | 不稔の３倍体や種間の例は限られている． | 種子生産が目的であれば適用できない． |
| | 栄養性繁殖により，雄性あるいは雌性の植物いずれかを利用 | 同種や近縁種が共存する場合は，交雑の可能性あり． | 種子生産が目的であれば適用できない． |
| | Variety Genetic Use Restriction Technology（V-GURT） | V-GURT は技術的に開発中で，いまだ実用化の見込みはない． | 自家採種を行うなら利用できない． |
| 栄養性繁殖体の拡散および生存性の制限 | V-GURT によって栄養体の生育制御 | 開発中． | 器官や組織特異性な発現制御が安定的にできるか挑戦的な課題である． |
| 花粉の拡散制御 | 雄性不稔 | 主要作物で使用例のあるものの，これまで知られている雄性不稔は，後代で稔性回復することがある．遺伝子組換えによる雄性不稔のほうが安定． | 種子生産には，花粉親が必要となる． |
| | 葉緑体ゲノムへの組換え遺伝子の導入；母性遺伝の利用 | 基礎的研究は多数ある．葉緑体因子が父性遺伝する種では不可．とくに，イチョウなどの裸子植物では要注意． | 細胞あたりの導入遺伝子数は数千単位となり，ジーンサイレンシングも起こらない．そのため，大量の遺伝子発現が期待でき，タンパク質などの生産には好適．一方，多数の形質を支配する異なる遺伝子を多数同時に葉緑体ゲノムに導入できない． |
| | 閉花受粉性 | イネ，オオムギ，ダイズ，スミレなど，自然界にも存在するが限られている．自殖性の促進のため技術開発中． | 自殖性が進み，もともと他殖性植物種では自殖性弱性が起こる． |
| | アポミクシス | 受精によらず栄養器官を起源として種子が形成されるもので，封じ込めの目的が，組換え農作物の種子の拡散を防ぐ場合に有効 | 雑種強勢の維持ができる一方，侵略種になりうる．アポミクシスが知られている作物は多くなく，またアポミクシスにより確実に交雑を防げるものは少なく，ある程度の頻度で交雑する．またアポミクシスを付与するために利用できる遺伝子は現在のところ知られていない． |
| 組換え遺伝子の種子や花粉からの削除 | 台木のみへの組換え遺伝子の利用 | 開発中，花，果実，種子など穂木には，組換え遺伝子は利用できない． | ブドウ，柑橘，ナスなど，台木を用いるものには利用できる． |
| | 生殖成長に移行する前に組換え遺伝子の削除 | 開発中．一方，理論のみで実行不可能との見解もあり． | 組換え遺伝子の拡散なしに種子生産できる．組換え遺伝子の除去が安定しているかが重要． |

表 7.1　植物における生物学的封じ込め（続き）

| 目的 | 方法 | 実用性（科学的制限） | 利用の留意点 |
|---|---|---|---|
| 組換え遺伝子による形質のみを制御 | 形質誘導型 T-GURT | 開発中. | 形質誘導など，知見や技術的習熟など利用者への負担が大きい．組換え遺伝子そのものは，拡散する. |
| 通常作物や近縁種への遺伝子流動の制御 | 種子致死性の制御 | 開発中. | 生存できる種子と稔性のない穀物としての両方の利用ができる．ほかの品種や近縁種に実った種子は致死性となる. |
| | 交雑不和合性 | 開発中. | 天然の交雑不和合性遺伝子についての知見は，サツマイモなどで育種に利用されている. |
| | 異質倍数体における染色体特異部分への遺伝子導入 | 開発中．同祖染色体への組換え遺伝子導入により，近縁種への遺伝子流動を制御する | コムギ，ナタネ，ワタなど異質倍数体に限られる．また，厳密に種間雑種が制御できるわけでなく，ゲノム隔離などの基本研究が必要と考えられる. |
| | 作物と近縁野生種の雑種および後代のみで適応度を減少させる組換え遺伝子の構築 | 開発中．野生種と交配することにより，適応度を減少させる有害な形質が必要である. | 野生種と交配することにより，適応度を減少させる形質が野生種自体の減少につながる可能性があるという矛盾がある. |

(National Research Council (2004) から翻訳，渡辺 (2005) を参考に加筆)

的封じ込めを求めるのは危険であることから，複数の方法を組み合わせることの必要性が述べられている.

以下に，いくつかの主要な生物学的封じ込め技術について紹介する.

### （1） 雄性不稔性

植物の花粉形成が不稔となる雄性不稔性には，雄性配偶子が劣性の雄性不稔遺伝子と優性の稔性回復遺伝子の働きによって雄性不稔と可稔になる遺伝子雄性不稔性と，雄性不稔が母性遺伝する細胞質雄性不稔がある．雄性不稔性は自殖を妨げることから，一代雑種（$F_1$ 品種）の種子生産において有用な育種形質である．とくに，細胞質雄性不稔性は細胞質のミトコンドリアの遺伝子の一部が正常な遺伝子と異なることで不稔となり，稔性回復させる因子を有する花粉親と交雑することで，得られた $F_1$ 種子の稔性が回復し，通常の作物同様に自殖が可能となる．これまで，細胞質雄性不稔は 22 科 51 属 153 種で見いだされており，アブラナ科作物，タマネギ，テンサイなどにおいて雄性不稔系統および稔性回復系統が $F_1$ 採種技術として利用されているが，近年，雄性不稔性が遺伝子の拡散防止技術として注目されている．

ナタネの細胞質雄性不稔性において，ナタネやカラシナ由来の細胞質雄性不稔は高温条件下で花粉を形成するなど温度に対して不安定であり，ダイコンのオグラ型雄性不稔は，雄性不稔とともにクロロシスを引き起こし，密線の発達を阻害するなどの問題がある．雄性不稔性を遺伝子拡散防止に利用するためには，安定して雄性不稔形質を発現するとともに農業形質に悪影響を及ぼさないことが必要となる．これまで，葯特異的発現プロモーター（TA 29）により *Baccillus amyloliquefaciens* 由来で分泌リボヌクレアーゼをコードしている barnase 遺伝子を発現させることによって，安定的に花粉形成を阻害しつつも農業形質に影響を与えない雄性不稔ナタネが作出された．同時に *Baccillus* が有する barstar は特異的に barnase の働きを阻害することから，barnase 遺伝子の導入により不稔となった系統に barstar 遺伝子を導入した系統を交配することにより，その $F_1$ 種子は正常な花粉を形成し，自殖性作物であるナタネにおいて効率的に $F_1$ 種子を生産することが可能となった（Mariani *et al.*, 1992）．この方法は，ナタネをはじめ広くいろいろな作物に利用でき，これまで雑種強勢が知られていても容易に $F_1$ 品種の種子を得ることができなかった作物で，雑種強勢を利用した画期的な $F_1$ 品種を作り出せる可能性がある．アブラナ科属以外では，タバコ（Hird *et al.*, 1993；Zhan *et al.*, 1996），トウモロコシ（Liu *et al.*, 2000），アルファルファ（Rosellini *et al.*, 2001），トマト（Burgess *et al.*, 2002），コムギ（DeBlock *et al.*, 1997），ペチュニア（van der Meer *et al.*, 1992）などにおいて雄性不稔個体が作出されている．これらには，タバコの TA29，アブラナ属の A9 や A6，イネの Osg 6B や PS1 などのプロモーターが利用されている．

barnase 遺伝子以外に雄性不稔を誘導するため利用されている細胞毒タンパク質として，翻訳阻害因子であるジフテリア毒素（Guerineau *et al.*, 2003；Koltunow *et al.*, 1990；Lee *et al.*, 2003）やリボゾーム不活化タンパク質

(Cho *et al.*, 2001) がある．加えて，細胞毒タンパク質を利用する以外の方法でも雄性不稔が作出されている．たとえば，ジャスモン酸の生合成に関与するDAD1遺伝子をアンチセンス法により発現抑制する方法である (Hatakeyama *et al.*, 2003)．葯の開裂と花粉の成熟にはジャスモン酸の作用が重要であるとされており，ジャスモン酸生合成の初発段階における脂質からリノレン酸を遊離させる反応を触媒するDAD1の発現が抑制されると，葯の開裂が起こらなくなるだけでなく花粉も不稔となる．本法を用いて得られた不稔個体はリノレン酸やジャスモン酸のような天然の有機化合物を処理することによって稔性を回復することができ，種子生産や不稔系統の維持において非常に有効な手段となりうる．その他，雄性不稔を誘導する手法として，A9およびOsg6Bプロモーターにβ-1，3-グルカナーゼ遺伝子を連結してタバコに導入すると，花粉の発達における正常なカロース分解時期よりも早い時期にカロースの分解が見られ，さらに花粉形成も阻害されたと報告されている (Tsuchiya *et al.*, 1995；Worrall *et al.*, 1992)．また，カルコンシンターゼ遺伝子のアンチセンス配列を葯で発現させることによって花粉形成の阻害が見られた例もある (van der Meer *et al.*, 1992)．

### （２）閉花受粉性

雄性不稔性は花粉を形成させないため栄養体を利用する作物への利用は容易であるが，子実を利用する作物への利用は難しい．閉花受粉性は花粉飛散を抑制しつつ自家受粉を可能にするため，子実を利用する自殖性作物においてきわめて有用な特性である．

イネの開花は外穎の基部に存在する「鱗被」とよばれる小器官が膨潤することによって引き起こされることから，ホメオボックス遺伝子の発現制御により，鱗皮を他の器官に変換するなどの操作により開花性を制御する可能性が示唆されている．すでに，シロイヌナズナやキンギョソウなどのモデル植物において，APETALAやLEAFYなどの花器形成モデルが明らかにされ，イネにおいても同様の機能を示すホメオボックス遺伝子の解析が進められている．二つのホメオボックス遺伝子に劣性変異を示すSUPERWOMAN (SPW1) とDROOPING LEAF (DL) の解析が進められ，SPW1はイネにおけるAPETALA3のホモログであり，OsMADS16であることが示されている（Nagasawa *et al.*, 2003）．また，OsMADS16に変異が起こることにより，雄蘂や鱗皮がそれぞれ心皮や内頴様組織に変換されることが報告され，MADS遺伝子の発現制御による閉花性の付与が示唆されている．

ダイズは虫媒性であるにも関わらず花粉飛散性は小さく，他殖可能な距離は10 m以内とされている（農林水産省農林水産技術会議事務局，2003）．閉花受精する品種の花は，通常萼から花弁が抽出せずに受精するため，花粉飛散による遺伝子拡散の可能性がさらに低くなる．オホーツク海沿岸地域の大豆在来種には閉花受精する傾向が強いものがある（Takahashi *et al.*, 2001）．ただし，閉花受精は，低温や寡照条件下で起こりやすく，閉花受粉性の高い品種でも高温条件下では開花し，遺伝子が拡散する可能性がある．開花性品種と閉花性品種の $F_1$ と $F_2$ 集団および $F_3$ 集団の解析では，開花性は閉花性に対して優性であり，最小で二つの遺伝子により制御されていると報告されており（Takahashi *et al.*, 2001），閉花受粉性を支配する遺伝子は早晩性を支配する遺伝子と密接に連鎖していることから，早晩性遺伝子と切り離して導入することが困難な可能性が考えられる．なお，オオムギでは，非常に密接に連鎖しているcly1とCly2の二つの遺伝子により閉花性が制御されていることが報告されている（Turuspekov *et al.*, 2004）．

閉花受粉性を利用できるのは自殖弱勢の生じない自殖性作物に限られる．またオオムギやダイズなどにおいて閉花受粉品種は知られているものの，閉花受粉性を付与するための分子生物学的な知見が十分とはいえず，遺伝子組換え植物において閉花受粉性が示された例はない．今後，研究の進展が望まれる分野である．

### （3）葉緑体の形質転換技術

外来遺伝子を葉緑体ゲノムへ導入する葉緑体形質転換技術は，従来の核ゲノムへ遺伝子を導入する形質転換技術と比べ，いくつかの特徴を有する．葉緑体の遺伝子は一部の例外を除いて母性遺伝するため，葉緑体ゲノムに導入された外来遺伝子は花粉を介して遺伝子拡散することはない．花粉は正常に形成されるため子実を利用する作物にも有効である．また，葉緑体ゲノムへの外来遺伝子の導入は相同組換えにより行われるために，外来遺伝子の挿入位置や方向をコントロールすることが可能となる．さらに，葉緑体は大量の遺伝子産物を蓄積する能力を持つため，葉緑体形質転換を用いて有用タンパク質を大量に発現させることが可能であるとともに，現在まで葉緑体へ導入された遺伝子はサイレンシングが確認されていないことから，工業原材料など非食用の有用物質を生産させる植物工場としての利用も期待される．

最初の葉緑体への遺伝子導入は，1998 年にクラミドモナス（*Chlamydomonas reindhartii*）で報告され（Boynton *et al.*, 1988），1990 年にはタバコ（*Nicotiana tabacum*）の葉緑体形質転換が報告された（Svab *et al.*, 1990）．遺伝子導入法として，パーティクルガン法もしくはプロトプラストをポリエチレングリコール（PEG）で処理する方法が用いられている（Golds *et al.*, 1993；O'Neill *et al.*, 1993）．遺伝子導入用ベクターは，導入する遺伝子の両側に標的とする約 1～2 kb の葉緑体ゲノム配列を付加してあり，相同組換えにより特定の位置に導入遺伝子が組み込む．一般に，一つの細胞には複数の葉緑体が含まれ，さらに一つの葉緑体に複数コピーの葉緑体 DNA が含まれるため，パーティクルガン法や PEG 法により遺伝子導入された直後は，単一もしくは極少数コピーの葉緑体ゲノムのみが形質転換されていると考えられる．このように，形質転換された DNA と非形質転換 DNA が混在した状態はヘテロプラズミックとよばれ，安定した葉緑体形質転換体を得るためには，すべてが形質転換 DNA となったホモプラズミックな状態にすることが望ましい．そのために，形質転換ベクターには遺伝子組換え体を選抜するためのマーカー遺伝子が含まれ，選択培地上で選抜される．葉緑体の形質転換でマーカー遺伝子として，スペクチノマイシンおよびストレプトマイシン耐性を付与する aminoglycoside 3' - adenyltransferase（aadA）遺伝子が最もよく用いられ（Svab and Maliga, 1993），核への遺伝子導入の選抜マーカーとして用いられるカマナイシン耐性遺伝子として neomycin phosphotransferase II（NPT II）遺伝子（Carrer *et al.*, 1993）や aminoglycoside phosphotransferase（aphA - 6）遺伝子（Huang *et al.*, 2002），gryphosate 遺伝子（Daniell *et al.*,

2001）の利用も報告されている．また，ホウレンソウ由来でベタインアルデヒド（BA）に対する耐性を与える betaine aldehyde dehydrogenase 遺伝子もマーカーとなる可能性のある遺伝子として報告されているが（Daniell *et al.*, 2001），BA 選抜のみで葉緑体形質転換体が得られたとする報告はまだない．さらに，これらのポジティブマーカーに加えて GFP（緑色蛍光タンパク質）遺伝子などの可視マーカーを利用することで，より効率的な選抜が可能となる（Sidorov *et al.*, 1999）．

前述したように，いかにホモプラズミックな状態にするかが葉緑体形質転換を成功させる重要なポイントとなる．タバコの形質転換により得られたシュートは，当初，形質転換細胞と非形質転換細胞がキメラになっている場合が多い．そこで，ホモプラズミックな植物体を得るために，形質転換細胞より新しいシュートを再分化させる．その際，形質転換領域と非形質転換領域の同定を容易にするため，GFP 遺伝子と aadA 遺伝子とを融合させた遺伝子をマーカーとして利用することが有効である（Khan and Maliga, 1999）．

高等植物における葉緑体形質転換は，タバコにおいてすでに確立された技術となりつつあるが，それ以外の植物種では，ごくわずかな作物種での成功例しかなく，適用植物種の狭さが葉緑体形質転換技術の問題点である．ナス科の植物ではタバコ以外にジャガイモ（*Solanum tuberosum*）（Sidorov *et al.*, 1999）とトマト（*Lycopersicon esculentum*）（Ruf *et al.*, 2001）で安定した葉緑体形質転換が成功している．シロイヌナズナ（*Arabidopsis thaliana*）でも葉緑体形質転換が報告されているが，得られた形質転換体では種子が得られていない（Sikdar *et al.*, 1998）．また，*Brassica napus*（Hou *et al.*, 2003），*Lesquerella fendleri*（Skarjinskaia *et al.*, 2003）での葉緑体形質転換も報告されているが，タバコと比べると効率が悪く，*Brassica napus* ではヘテロプラズミックな形質転換体であった．単子葉植物では，イネ（*Oryza sativa*）の葉緑体形質転換の報告があるが，得られた形質転換体はヘテロプラズミックな状態であり（Khan and Maliga, 1999），安定した形質転換体は得られていない．

2005 年になって，非緑色組織であるニンジンの embryogenic callus への遺伝子導入処理により葉緑体への遺伝子導入に成功した（Kumar *et al.*, 2004）．またダイズ（Dufourmantel *et al.*, 2005）やワタ（Kumar *et al.*, 2004）など，遺伝子組換えが容易でない作物種においても農業的重要性から研究が進められ，葉緑体の形質転換に成功した（表7.2）．さらにレタスにおいても葉緑体への遺伝子導入の成功例が報告された（Lelivelt *et al.*, 2004）．

以上より，葉緑体への遺伝子導入は遺伝子拡散防止技術だけでなく，植物工場としての利用も期待されるきわめて魅力的な技術といえる．適用可能な植物種の狭さが徐々にではあるが解消されているとはいえ，まだ多くの作物に利用できる状況に至ってない．今後，多くの植物種において葉緑体形質転換技術を確立するためには，それぞれの植物種に応じて適切な選抜マーカーの開発と選択が必要であり，培養系の改良を通じて効率よくホモプラズミッ

表7.2　葉緑体形質転換が可能な植物種

| 植物種 | 遺伝子導入法 | 導入遺伝子 | 文献 |
|---|---|---|---|
| *Nicotiana tabacum* | パーティクルガン，PEG | aadA, NPTII, aphA-6等 | Svab and Maliga (1993)<br>Carrer, *et al.* (1993)<br>Huang, *et al.* (2002)<br>Daniell, *et al.* (2001)<br>Khan and Maliga (1999)<br>Golds. *et al.* (1993)<br>O'Neill, *et al.* (1993) |
| *Solanum tuberosum* | パーティクルガン | aadA, GFP | Sidorov, *et al.* (1999) |
| *Lycopersicon esculentum* | パーティクルガン | aadA | Ruf, *et al.* (2001) |
| *Arabidopsis thaliana* | パーティクルガン | aadA | Sikdar, *et al.* (1998) |
| *Brassica napus* | パーティクルガン | aadA | Hou, *et al.* (2003) |
| *Lesquerella fendleri* | パーティクルガン | aadA, GFP | Skarjinskaia, *et al.* (2003) |
| *Oryza sativa* | パーティクルガン | aadA, GFP | Sidorov, *et al.* (1999) |
| *Daucus carrota* L. | パーティクルガン | badh, GFP | Kumar *et al.* (2004) |
| *Glycine max* L. Merr. | パーティクルガン | aadA,Cry 1 Ab | Dufourmantel *et al.* (2005) |
| *Gossypium hirsutum* L. | パーティクルガン | aphA-6 | Kumar *et al.* (2004) |
| *Lactuca satia* L. | パーティクルガン | aadA, GFP | Lelivelt *et al.* (2004) |

ク化を進めるための技術開発が必要であると考えられる.

### (4) 種子発芽を抑制する技術(V - GURT:Variety Genetic Use Restriction Technology)

1998 年に,米国のワタ種子会社である Delta and Pine Land 社と米国農務省の研究機関 ARS(Agriculture Research Service)は,遺伝子組換え農作物の違法増殖を防ぐための技術概念を提唱した.実際に実用性が確認された安定した技術ではなかったが,アイディアとして特許「植物遺伝子の発現制御」(米国特許 5723765)を取得した.しかし,遺伝子組換え作物に反対する団体(国際農村開発財団(RAFI),現在は「ETC Group」と改名)からは,種子を独占し発展途上国の食料生産を脅かす技術として「ターミネーター(終焉させる者)」という名前をつけられ,この V - GURT は「ターミネーター・テクノロジー」というよび名で有名になった.さらに,モンサント社が Delta and Pine Land 社の買収を表明した後,非難の矛先がモンサント社に向けられ,1999 年には,モンサント社が「ターミネーター・テクノロジー」を実用化しないことを表明するに至った.しかし,不法な自家採種や増殖から品種育成者の権利を保護する技術に対して非難が起こったことに疑問を感じる.そもそも品種育成者の権利保護と発展途上国などへの食料支援などは切り離して議論されるべきであると思われる.また,遺伝子組換え農作物の利用に反対する団体が,遺伝子組換え農作物の自家採種を防止する技術に反対していることにも矛盾を感じる.

一度封印されたはずの V - GURT が,遺伝子組換え農作物のこぼれ落ち種子や野生種との交雑後代における増殖を防ぐための生物学的封じ込め技術として見直されている.本技術は,胚発生後期特異的発現プロモーター(LEA)に barnase を連結しているが,その間にリコンビナーゼ(CRE)の認識サイト Lox 1 で囲まれた 35 S プロモーターでドライブされたテトラサイクリンリプレッサー遺伝子が挿入されているベクターを構築し,植物に導入される.同時に,CRE 遺伝子も導入されるがテトラサイクリンリプレッサー感受性のプロモーター(m 35 S)に連結している遺伝子も導入する.通常は,合成されたテトラサイクリンリプレッサーによりCREの発現が抑制されている．この状態では採種された後代種子は発芽して植物体となる．しかし，種子の販売直前に，テトラサイクリンを処理することによりテトラサイクリンリプレッサーがm35Sに結合できなくなり，CREが発現し始める．その結果，Lox1に挟まれた領域が切り出され，胚発生後期にbarnaseが発現することで正常な胚形成が阻害され，後代における発芽が抑制される．

V-GURTは，概念としては可能な技術であるが，確実にリコンビナーゼが発現してリコンビナーゼ認識部位で切り出されることが必要であり，そのために確実かつ十分なリコンビナーゼの発現を可能にする誘導性プロモーターの選択が，本技術にとってきわめて重要になると考えられる．また，トウモロコシなどの他殖性作物の後代や，ナタネなどが在来種と交雑した後代で確実に発芽抑制を促すためには，種子形成後期に働くプロモーターの発現量などの検討が不可欠と思われる．

### （5）その他の拡散防止のための技術開発

前述した以外の拡散防止措置について以下に列記する．それらの技術を利用するための知見は十分でなく，実用化については疑問の残る技術もあるが，今後の可能性として示した（Daniell, 2004；National Research Council, 2004）．

① アポミクシス

アポミクシスは受精によらず栄養器官を起源として種子が形成されるもので，封じ込めの目的が，組換え農作物との交雑により形成された雑種種子の拡散を防ぐ場合に有効な生物学的封じ込めとなる可能性がある．しかし，アポミクシスが知られている作物は多くなく，またアポミクシスにより確実に交雑を防げるものは少なく，ある程度の頻度で交雑する．さらにアポミクシスを付与するために利用できる遺伝子は現在のところ知られていない．

② 導入遺伝子の除去

リコンビナーゼとリコンビナーゼ認識部位を用いた導入遺伝子の除去．

種子を生存させつつ導入遺伝子の拡散防止に有効であるが，このシステムの信頼性を保証することは非常に困難と思われる.

③ 交雑不親和性の利用

交雑不親和性に関連する遺伝子を導入することにより，近縁野生種との交雑を防止することが提案されている. しかし，遺伝子組換え植物を使った実例はない.

④ Transgenic mitigation

作物においては中立的であって，近縁野生種などに移行した際に有害な特性を示す遺伝子を導入することにより，近縁野生種の環境適応性を低下させる方法が考えられている. しかし，遺伝子組換え植物を使った実例はない.

⑤ 台木の利用

土壌病害抵抗性を付与する場合，台木のみを組換え体とし，穂木を非遺伝子組換え農作物を利用することにより，土壌病害抵抗性に関連する導入遺伝子の拡散防止として簡単で効果的である.

## 5. 交雑・混入防止措置

カルタヘナ法により国内の隔離圃場や一般圃場などで栽培が承認された遺伝子組換え農作物であっても，組換え農作物の花粉と非組換え農作物との交雑が生じたり，生産・流通の過程で非組換え農作物に組換え農作物が混入することがあれば，さまざまな混乱が生じる. とくに隔離圃場などで栽培される実験段階の遺伝子組換え農作物は，食品や飼料としての安全性が確認されていないため，商業栽培されている非組換え農作物に混入することは避けなければならない. そこで，2004 年 2 月に，農林水産省は生物多様性への影響評価とは別の観点から，「第 1 種使用規定承認組換え作物栽培実験指針」（以下「栽培実験指針」という）を公表した（農林水産省，2004）. 栽培実験指針は，農林水産省が所管している独立行政法人の試験研究機関が，組換え作物を用いた野外栽培実験（第 1 種使用）を行う際に執るべき交雑・混入防止措置，および国民への情報提供について定めている. これらの措置は，組換え農作物を避けたいとする人の権利を守るとともに，組換え農作物を栽培したい人の権利を保護し，組換え農作物の栽培を円滑に行うためにも必要と考えられる．

栽培実験指針の交雑防止措置として，農作物の花粉飛散性により適切な隔離距離（イネ 20m[注)]，ダイズ 10m など）を定めるか，袋かけなどによる隔離距離によらない方法が示されている．また，混入防止のために，種子などは密閉した容器に入れて移動，保管，管理することや，試験栽培に用いた機械や施設などは，組換え農作物の種子などを試験区域外に流出させないように，作業終了時によく洗浄することが求められている（田部井，2005b）．

前述したとおり，栽培実験指針は農林水産省が所管している独立行政法人の試験研究機関に対して示されたものであるが，岩手県や滋賀県などの地方自治体における遺伝子組換え農作物の取り扱いにも利用されている．一方，北海道などは，さらに厳しい独自の条件を求めている自治体もある．

## 6．終わりに

わが国において遺伝子組換え農作物の商業利用を考える場合，生物学的封じ込め技術はきわめて重要である．農林水産省では，2005 年度から「遺伝子組換え生物の産業利用における安全性確保総合研究」において，葉緑体の形質転換や閉花受粉性，雄性不稔作物の作出技術，V‐GURT などの研究を推進している（農林水産省農林水産技術会議事務局，2004）．また，2006 年度から新たに課題の見直しを行い，生物学的封じ込め技術の開発に加えて，わが国でも共存を図るための基礎的情報の収集を開始するものと聞いている．

---

注）2006 年 3 月においても，栽培実験指針におけるイネの隔離距離は 20m であるが，2005 年 4 月に農林水産省農林水産技術会議事務局長通達により，「隔離距離を 26m 以上とし，実験対象イネとその周辺（26m 近辺）にある栽培イネの出穂期が 2 週間程度以上離れるよう，それぞれの植え付け機を調整すること．」となっている（http://www.s.affrc.go.jp/docs/press/2005/0412.htm を参照）．すでに栽培実験指針の改正に関わる議論は終了し，今後，イネの隔離距離は 30m になる予定．

前述した栽培実験指針は，あくまでも実験段階の遺伝子組換え農作物の取り扱いを規定したものである．しかし，行政は遺伝子組換え農作物の商業栽培を前提として，EU で示したような共存ルールを示す時期に来ていると思われる．

共存ルールにおいては，生産過程での配慮や適切な経営管理，近隣住民や農業従事者との情報交換と相互理解が求められる．他方，遺伝子組換え農作物の混入許容率や，実害が生じた場合のセーフティネットの整備などが検討される必要があると思われる．非食用の遺伝子組換え植物が食品流通に混入しないように厳格に管理されることはいうまでもないが，共存ルールは，食用として開発された組換え農作物が主な対象となると考えられる．食用の遺伝子組換え農作物は，生物多様性への影響や，食品および飼料としての安全性が確認されているものであり，このような遺伝子組換え農作物まで混入率ゼロを求めて，過剰な隔離栽培を求め，厳格な分別流通を行うかについては十分に議論する必要がある．実際に，EU においても，混入率ゼロは非現実的として 0.9 %の混入を認めている．

わが国における遺伝子組換え農作物の栽培や普及については，法的，技術的な対策を十分に行い，国民の懸念を払拭するよう努めながら進めることが重要である．

## 引用文献

Boynton, J.E., Gillham, N.W., Harris, E.H., Hosler, J.P., Johnson, A.M., Jones, A.R., Randolf - Anderson, B.L., Robertson, D., Klein, T.M., Shark, K.B. and Sanford, J.C. 1988.Chloroplast transformation in *Chlamydomonas* with high velocity microprojectiles. *Science* 240 : 1534 - 38.

Burgess D.G., Ralston E.J., Hanson W.G., Heckert M., Ho M., Jenq T., Palys J.M., Tang K. and Gutterson N. 2002. A novel, two - component system for cell lethality and its use in engineering nuclear male - sterility in plants. Plant J 31 : 113 - 125.

Carrer H., Hockenberry T.N., Svab Z. and Maliga P. 1993. Kanamycin resistance as a selectable marker for plastid transformation in tobacco. *Mol. Gen. Genet.* 241 : 49-56.

Cho H.J., Kim S., Kim M. and Kim B.D. 2001. Production of transgenic male sterile tobacco plants with the cDNA encoding a ribosome inactivating protein in *Dianthus sinensis* L. Mol Cells 30 : 326-333.

Daniell H., Muthukumar B. and Lee S.B. 2001. Marker free transgenic plants : Engineering the chloroplant genome without the use of antibiotic selection. *Curr. Genet.* 39 : 109-16.

Daniell H. 2004. Molecular strategies for gene containment in tarnsgenic crops. Nature Biotechnology 20 : 581-843.

DeBlock M., Debrouwer D. and Moens T. 1997. The development of a nuclear male sterility system in wheat. Expression of the barnase gene under the control of tapetum specific promoters. Theor Appl Genet 95 : 125-131.

Dufourmantel N., Tissot G., Goutorbe F., Garcon F., Muhr C., Jansens S., Pelissier B., Peltier G. and Dubald M. 2005. Generation and analysis of soybean plastid transformants expressing Bacillus thuringiensis Cry1Ab protoxin. Plant Mol Biol. 58 : 659-68.

Golds, T., Maliga, P. and Koop, H.-U. 1993. stable plastid transformation in PEG-treated protoplasts of Nicotiana tabacum. Biotechnology 11 : 95-97.

Guerineau, F., Sorensen, A.M., Fenby, N. and Scott, R.J. 2003. Temperature sensitive diphtheria toxin confers conditional male-sterility in *Arabidopsis thaliana*. Plant Biotechnol J 1 : 33-42.

Hatakeyama, K., Ishiguro, S., Okada, K., Takasaki, T. and Hinata K. 2003. Antisense inhibition of a nuclear gene, BrDAD1, in Brassica causes male sterility that is restorable with jasmonic acid treatment. Mol Breed 11 : 325-336.

Hird, D.L., Worrall, D., Hodge, R., Smartt, S., Paul, W. and Scott, R. 1993. The anther-specific protein encoded by the *Brassica napus* and *Arabidopsis thaliana* A6 gene displays similarity to beta-1, 3-glucanases. Plant J 4 : 1023-1033.

Hou, B.K., Zhou, Y.H., Wan, L.H., Zhang, Z.L., Shen, G.F., Chen, Z.H. and Hu,

Z.M. 2003. Chloroplast transformation in oilseed rape. *Transgenic Res*. 12 : 111-14.

Huang, F.C., Klaus, S., Herz, S., Zou, Z., Koop, H.U. and Golds, T. 2002. Efficient plastid transformation in tobacco using the *aph*A-6 gene and kanamycin selection. Mol. Gen. *Genom*. 268 : 19-27.

James, C. 2005 . Executive Summary of Global Status of Commercialized Biotech/GM Crops : 2005. ISAAA Briefs No. 34. ISAAA : Ithaca, NY.

Khan, M.S. and Maliga, P. 1999. Fluorescent antibiotic resistance marker to track plastid transformation in higher plants. *Nat. Biotechnol*. 17 : 910.

Koltunow, A.M.,Truettner, J., Cox, K.H., Wallroth, M. and Goldberg, R.B. 1990. Different Temporal and Spatial Gene Expression Patterns Occur during Anther Development Plant Cell 2 : 1201-1224.

Kumar, S., Dhingra, A. and Daniell, H. 2004. Stable transformation of the cotton plastid genome and maternal inheritance of transgenes. Plant Mol Biol. 56 : 203-16.

Lee, Y.H., Chung, K.H., Kim, H.U., Jin, Y.M., Kim, H.I. and Park, B.S. 2003. Induction of male sterile cabbage using a tapetum-specific promoter from *Brassica campestris* L. ssp. *pekinensis*. Plant Cell Rep 22 : 268-273.

Lelivelt, C.L., McCabe, M.S., Newell, C.A., Desnoo, C.B., van Dun, K.M., Birch-Machin, I., Gray, J.C., Mills, K.H. and Nugent, J.M. 2005. Stable plastid transformation in lettuce (*Lactuca sativa* L.). Plant Mol Biol. 58 : 763-74.

Liu, D.W., Wang, S.C., Xie, Y,J. and Dai, J.R. 2000. Study on pollen fertility in transgenic maize with transgene of Zm13-Barnase. Acta Botanica Sinica 42 : 611-615.

Mariani, C., Beuckeleer, M.D., Truettner, J., Leemans, J. and Goldberg, R.B. 1990. Induction of male sterility in plants by a chimaeric ribonuclease gene. Nature 347 : 737-741.

Mariani, C., Gossele, V., Debeuckeleer, M., Deblock, M., Goldberg, R.B., Degreef, W. and Leemans, J. 1992. A chimeric ribonuclease-inhibitor gene restores fertility to male sterile plants. Nature 357 : 384-387.

Nagasawa, N., Miyoshi, M., Sano, Y., Satoh, H., Hirano, H., Sakai, H. and

Nagato, Y. 2003. SUPERWOMAN1 and DROOPING LEAF genes control floral organ identity in rice. Development. 130 : 705-718.

National Research Council. 2004 . "Biological Confinement of Genetically Modified Organisms". Nationa Academy Press.

農林水産省. 2004. 第１種使用規程承認組換え作物栽培実験指針の策定について. http://www.s.affrc.go.jp/docs/genome/saibaikentoukai/jikkensisin/jikkensisin.htm.

農林水産省農林水産技術会議事務局. 2003. 栽培実験対象作物別の隔離距離の考え方 . http://www.s.affrc.go.jp/docs/genome/saibaikentoukai/h1512/siryou5_1.pdf.

農林水産省農林水産技術会議事務局. 2005. 5. 遺伝子組換え等先端技術安全性確保対策（1）遺伝子組換え生物の産業利用における安全性確保総合研究. http://www.s.affrc.go.jp/docs/project/2005/2005_project7_5a.pdf.

農林水産先端技術産業振興センター. 2003. 遺伝子組換え食品表示制度の認知度・要望に関する消費者意識の報告書.

O'Neill, C., Horvath, G.V., Horvath, E., Dix, P.J. and Medgyesy, P. 1993 . Chloroplast transformation in plants: polyethylene glycol ( PEG ) treatment of protoplasts is an alternative to biolistic delivery systems. *Plant J.* 3 : 729-38.

Rosellini, D., Pezzotti, M. and Veronesi, F. 2001. Characterization of transgenic male sterility in alfalfa. Euphytica 118 : 313-319.

Ruf, S., Hermann, M., Berger, I.J., Carrer, H. and Bock, R. 2001. Stable genetic transformation of tomato plastids: foreign protein expression in fruit. *Nat. Biotechnol.* 19 : 870-75.

Sidorov, V.A., Kasten, D. and Pang, S.Z., Hajdukiewicz, P.T., Staub, J.M., Nehra, N.S. 1999. Stable chloroplast transformation in potato : use of green fluorescent protein as a plastid marker. *Plant J.* 19 : 209-16.

Sikdar, S.R., Serino, G., Chaudhuri, S. and Maliga, P. 1998. Plastid transformation in *Arabidopsis thaliana. Plant Cell Rep.* 18 : 20-24.

Skarjinskaia, M. *et al.* 2003 . Plastid transformation in Lesquerella fendleri,an oilseed Brassicacea. *Transgenic Res*. 12 : 115-22.

Svab, Z., Hajdukiewicz, P. and Maliga, P. 1990. Stable transformation of plastids in higher plants. *Proc. Natl. Acad. Sci.* USA 87 : 8526-30.

Svab, Z. and Maliga, P. 1993. High-frequency plastid transformation in tobacco by selection for a chimeric aadA gene. *Proc. Natl. Acad. Sci.* USA 90 : 913-17.

鈴木一矢・高岩文雄. 2005 物質生産. 田部井豊・日野明寛・矢木修身編, 新しい遺伝子組換え体（GMO）の安全性評価システムガイドブック, エヌ・ティー・エス, 東京. 368-385.

田部井豊. 2005a. 遺伝子組換え生物等の使用等の規制による生物の多様性の確保に関する法律. 田部井豊・日野明寛・矢木修身編, 新しい遺伝子組換え体（GMO）の安全性評価システムガイドブック, エヌ・ティー・エス, 東京. 153-170.

田部井豊. 2005b. 第1種使用規定承認組換え作物栽培実験指針. 農業及び園芸, 東京. 208-213.

立川雅司（2005）EU加盟国における遺伝子組換え作物と非組換え作物との共存方策の動向. 農業生物資源研究所研究資料第5号.

Takahashi, R., Kurosaki, H., Yumoto, S., Han, O.K. and Abe, J. 2001. Genetic and linkage analysis of Celeistogamy in Soybean. The Journal of Heredity 92 : 89-92.

Tsuchiya, T., Toriyama, K., Yoshikawa, M., Ejiri, S. and Hinata, K. 1995. Tapetum-specific expression of the gene for an endo-beta-1, 3-glucanase causes male sterility in transgenic tobacco. Plant Cell Physiol 36 : 487-494.

Turuspekov, Y., Mano, Y., Honda, I., Kawada, N., Wtanabe, Y. and Komatsuda, T. 2004. Identification and mapping of cleistogamy genes in barley. Theor Appl Genet 109 : 480-487.

van der Meer, I.M., Stam, M.E., van Tunen, A.J., Mol, J.N. and Stuitje, A.R. 1992. Antisense inhibition of flavonoid biosynthesis in petunia anthers results in male sterility. Plant Cell 4 : 253-262.

渡邊和夫 2005, 遺伝子組換え作物の拡散制御技術と利用管理, 生物の科学　遺伝, 東京, 72-77.

Worrall, D., Hird, D.L., Hodge, R., Paul, W., Draper, J. and Scott, R. 1992.

Premature dissolution of the microsporocyte callose wall causes male sterility in transgenic tobacco. Plant Cell 4：759-771.

保田　浩・高岩文雄 2005. 遺伝子組換え技術を利用した機能性食品の開発状況．田部井豊・日野明寛・矢木修身編，新しい遺伝子組換え体（GMO）の安全性評価システムガイドブック，エヌ・ティー・エス，東京．368-385.

Zhan, X.Y., Wu, H.M. and Cheung, A.Y. 1996. Nuclear male sterility induced by pollen-specific expression of a ribonuclease. Sex Plant Reprod 9：35-43.

# 討論概要

総合討論では，フロアからの質問を中心に質疑応答が行われた．参加者の大半が農学研究者・大学院学生であったため，討論の論点は，遺伝子組換え作物の実用化を考える上での諸問題，とくに，1）遺伝子組換え作物の安全性評価を徹底していく上でどのような研究がまだ不足しているか，2）遺伝子組換え作物の栽培試験に対する法規制によって作物育種研究はどのような影響を受けるか，3）遺伝子組換え作物や食品に関する科学的根拠に基づいた知識を社会に向けていかに情報発信していくべきか，4）遺伝子組換え作物の実用化に向けた研究体制はどうあるべきか，といった内容が中心となった．いずれの課題についても，専門を異にする研究者間での活発な議論を通して，共通理解が深まるとともに今後の検討課題が明確化されたといえる．以下，その内容を総括する．

遺伝子組換え作物の安全性評価の問題に関しては，今後の検討課題として次のような問題が挙げられた．まず，生命科学に関する最新の研究成果に照らし合わせて，安全性の評価項目を絶えず追加していく必要が確認された．たとえば，最近のゲノム機能の解析により，遺伝子領域外を含めたゲノムのかなりの領域が一旦はRNAに読まれ，それらが他の遺伝子の発現調節に重要な役割を果たしていることが明かにされつつあるが，遺伝子組換え作物において導入遺伝子が挿入領域のRNA転写にどのような影響を与えているかといった問題は今後の検討課題として残されているという．また，生態系への影響に関しても，ニッチの撹乱の問題を含めると予測が未だ困難である現状が報告された．その理由の一つとして挙げられるのは作物学・育種学と植物生態学との間におけるギャップの存在であり，今後，“栽培植物がわかる研究者からの野生植物研究”が強く求められるという．もう一つの理由は，高度な管理のもとでの圃場試験が可能なシステムが不足していることであり，こうしたシステムをわが国でも構築していく必要性が複数の研究者から指摘された．

近年，多くの自治体で組換え作物栽培規制の動きが盛んになってきているが，こうした規制により遺伝子組換え作物の安全性評価試験そのものへの道が閉ざされることへの懸念が複数の参加者より表明された．また，大学などにおいては，“どの遺伝子が生産性向上のための改変ターゲットとなるか”といった基礎研究のツールとしての組換え作物の圃場試験は必要不可欠であり，こうした研究をも規制することは，長期的に見た場合には作物科学の知的基盤そのものを弱体化させる恐れがある可能性がある，というのが大方の意見であった．

情報発信の問題については，誤解に基づく風評被害を防ぐ上でも，生産者や消費者が組換え技術について主体的な判断を下すのに必要な情報を研究サイドが的確に発信することの重要性が再確認された．フロアの消費者サイドからも，“巨大アグリビジネスによる組換え作物の推進とわが国の技術開発はどう違うのか，といった情報が欲しい”などの要望が寄せられた．また，こうした問題に関連して教育現場から，“分子生物学の基礎知識の普及については高等学校での生物学の履修率の低さが大きなネックになっており，中等教育面での見直しが必要”との指摘があった．

研究体制のあり方については，目下の遺伝子組換え作物育種が現場から離れている面があり，今後，従来育種で達成可能な育種目標と遺伝子組換え技術を使わなければ達成不可能な育種目標との仕分けを的確に行っていくことが必要である，また，分子生物学者の単なる分担体制ではなく，出口を見据えたコーディネーターを中心とする育種プログラムとしての体制をとりつつ推進することが必要である，といった指摘がなされた．また，これまで以上に生態学者との連携を強めることの重要性が指摘された．

今回のシンポジウムは，“遺伝子組換え作物研究とその実用化については，社会的に十分に理解されていない以前に，農学分野の研究者間でも正確な情報を共有できていない”という反省のもとに企画されたものである．実際，今回の総合討論は，遺伝子組換え作物問題の現状と課題に関する研究者間の共通認識を大いに深めたという点で期待された成果を上げることができたと考えられる．このことは，総合討論の中でも再三指摘されたように，遺伝子組換え作物の技術化には農業を巡るさまざまな専門分野からの視点の“総合化”がとりわけ重要であることを端的に物語っている．今回の総合討論は，参加者構成の関係から生産者・消費者サイドからの視点が希薄であった点は否めないが，今後，生産者・消費者の方々と分子育種従事者との間の相互理解を深めていくに当たっても，こうした総合はその重要なベースとなろう．

# シンポジウムの概要

山崎　耕宇
日本農学会副会長

本シンポジウムは，各専門分野の研究者による7題の講演を中心にすすめられたが，それらは本書では第1編：遺伝子組換え研究の社会への貢献（以下に示す1，2の講演），第2編：遺伝子組換え作物の圃場試験と生態系への影響（同3，4の講演），第3編：遺伝子組換え作物の安全性評価（同5,6,7の講演），としてまとめられている．以下にそれらの内容を中心に，シンポジウムの概要を記しておく．

1. 喜多村氏は遺伝子組換え技術の発展の経過をたどるとともに，遺伝子組換えトウモロコシやダイズなどの実用栽培が南北アメリカを中心に急速に進んでいる現況を紹介している．とくに遺伝子組換えダイズの生産は，近年世界の生産量の6割を占めるまでに至っている．これら実用化された遺伝子組換え作物のほとんどは耐虫性や除草剤耐性を付与した品種で，生産者に利する面が強かったが，現在では遺伝子組換えによって生産物の成分を改変し，栄養や健康面で効果のある機能性物質の生産を行う品種なども開発されつつある．遺伝子組換え技術は多面的な領域に及ぶとして，その可能性に満ちた将来を展望している．

2. 高岩氏は健康機能性を付与した米の開発についての研究の現状を報告している．その方法としては，この目的に適合した遺伝子を探索・単離してイネに導入し，① 有効な生理活性ペプチドや機能性タンパクなどを直接可食部である米の胚乳に発現・集積する方法と，② 機能性物質の代謝に関与する酵素の活性を制御することを通じて同様の目的を達成する方法とがあるとして，その詳細を解説している．これらの手法によって開発された米では，血圧低下，血糖値制御あるいはアレルギー疾患の緩和などへの有効性が認められ，動物実験を通じてその健康機能性が検証されつつあるという．遺伝子組換え技術が人間の健康面で新たに貢献しうる場面として期待されるという．

3. 大杉氏は作物学研究者の立場から，とくに収量の向上に関わる遺伝子組み換え作物の研究について考察している．収量に関わる遺伝的要因はきわめて多岐にわたるが，表現型からの迫り方としては量的形質遺伝子座（QTL）解析によって関与する遺伝子を探索し，その組み合わせを利用する方法が近年急速に進められているという．一方，収量の生理的基盤となる光合成や物質生産などの代謝機能に関わる遺伝子を単離して導入する方法は，より直接的ですでに有望な遺伝子が単離・検証されている．いずれの場合も最終的には耕地条件下でその有効性を確認することが不可欠であり，社会の一部に抵抗のある圃場試験がきわめて重要であることを強調している．

4. 山口氏は遺伝子組換え作物が一般の耕地で栽培された場合，耕地ならびに周辺の生態系にいかなる影響が及ぶかについて，遺伝子組換え作物が，① 新たな栽培管理方式とともに雑草をはじめとする耕地生態系の生物種の構成を大きく変える可能性；② 周辺の生態系にある近縁野生種との自然交雑によって遺伝子が逸出・拡散する可能性；③ 耕地や周辺環境に適応して野生化・雑草化する可能性；を取り上げて論じている．いずれもその可能性は低いとして，これまで取り上げられることが少なかったが，生態学的かつ長期的視点からみて無視できない問題をはらんでいることを，実例を挙げながら紹介している．

5. 澤田氏は遺伝子組換え食品が 1996 年に初めて承認が与えられて以来の，安全性評価の基準やガイドラインの制定の経緯を解説している．現在に至るまではすべてが外国産の原材料をもとにする食品が対象となっているが，評価に当たっては遺伝子組換えによって新規に導入された形質変化ならびに非意図的な変化に着目し（それ以外の形質は既存のものと実質的に同等とみなす），食品としての安全性の視点から詳細な検討が加えられ，必要に応じて臨床試験データが要請されることもあるという．現在は厚生労働省の諮問により，食品安全委員会が評価を行っており，その基準には国際的なガイドラインのほとんどが取り込まれており，他の食品には求められない厳しい安全性が求められているという．

6. 松尾氏は花粉飛散による自然交雑を介して，遺伝子組換え作物の遺伝子が逸出・拡散する可能性について，他殖性のトウモロコシとナタネを用いた研究事例を紹介している．トウモロコシの場合には地形や風向などの条件にもよるが，花粉源から 200～500 m 隔てた地点で，0.1 %以下～1.5 %程度の交雑率が認められている．ナタネの場合には，虫媒によって花粉はより遠距離まで運ばれるとみられるが，わが国ではナタネの栽培が激減し，しかも雑草化した近縁種がないため，自然交雑による危害は低いとしている．

7. 田部井氏は遺伝子組換え作物が食料や飼料として利用される場合のほかに，今後この技術が医薬成分や工業原材料としての有用物質の生産や，環境修復のためなどに使われるようになると，遺伝子の拡散を防止することはますます重要になるとして，そのために開発されつつある技術を概観している．列挙すれば，① 花粉が不稔となる雄性不稔性の利用，② 母性遺伝を行う葉緑体 DNA で遺伝子の形質転換を図る，③ 閉花受粉の利用，④ 発芽種子が自死する技術の利用，⑤ アポミクシスなど栄養繁殖の利用，⑥ 台木のみの形質転換を行う，などが検討されているが，適用範囲が限られていたり完全な拡散防止が期待できないなど，それぞれに一長一短のあることが示されている．

以上の各講演を通じて，遺伝子組換え作物に関わる研究がきわめて多面にわたることが示された．一方ではこの技術がもたらす新たな人類への貢献が，大きな期待をもって語られたが，他方では遺伝子の生態系への拡散など，今後さらに解明すべき問題の残されていることも同時に示された．いずれの演者も共通して，この技術研究の展開に当たっては，関連する研究者相互の情報交換を密にして慎重を期する必要があること，また成果の実現に当たっては研究者自身が一般の不安を解消すべく，最大の努力を払うべきことを述べている．

課題が農学のフロンティアを取り扱っているだけに，本シンポジウムには遠隔地からの参加者を含め，多数の研究者が参集した．総合討論においては各演者の報告をもとに，とくに遺伝子組換え作物の多面的な安全性評価の問題，各地で起こっている法規制への対処，一般社会へ向けての適切な情報発信，あるいは今後の研究目標や研究体制の強化などをめぐって，具体的かつ活発な討議が行われた．またいくつかの地域で現在起こっている圃場試験反対の動きについて，研究現場の実態が紹介され，反対派とみられる一部の出席者からの抗議の発言もあった．これに対して研究実施機関の総括責任者から，この問題に関わる最近の訴訟事件の経緯ならびにその結末についての報告が行われるなどの一幕もあった．いずれにしてもこれまでとかく疎遠になりがちな個々の専門領域をつないで，研究者相互の交流をはかるという本シンポジウムの当初の目標は，十分達せられたと考える．

# 著者プロフィール

敬称略・あいうえお順

【大杉　立（おおすぎ　りゅう）】

東京大学農学部卒業，現在東京大学大学院農学生命科学研究科教授．専門分野は作物学．

【喜多村啓介（きたむら　けいすけ）】

東北大学大学院農学研究科博士課程修了，現在北海道大学大学院農学研究科教授．専門分野は植物育種学，食品生化学．

【熊澤喜久雄（くまざわ　きくお）】

東京大学農学部農芸化学科卒業，現在東京大学名誉教授・前日本農学会会長．専門分野は植物栄養学，肥料学．

【澤田純一（さわだ　じゅんいち）】

東京大学大学院薬学系研究科博士課程修了，現在国立医薬品食品衛生研究所機能生化学部長．専門分野は免疫生化学，免疫毒性学，薬理遺伝学．

【高岩文雄（たかいわ　ふみお）】

北海道大学大学院理学研究科博士課程修了，現在農業生物資源研究所新生物資源創出研究グループ遺伝子操作チーム長．専門分野は植物遺伝子工学．

【田部井豊（たべい　ゆたか）】

宇都宮大学農学部卒業，現在農業生物資源研究所新生物資源創出研究グループ植物細胞工学研究チーム長兼遺伝子組換え技術開発・情報センター長．専門分野は植物育種学．

【松尾和人（まつお　かずひと）】

北海道大学大学院環境科学研究科博士課程修了，現在農業環境技術研究所生物環境安全部組換え体チーム長．専門分野は雑草生態学．

【山口裕文（やまぐち　ひろふみ）】

大阪府立大学大学院農学研究科博士課程修了，現在大阪府立大学生命環境科学研究科教授．専門分野は資源植物多様性学，生態保全学，植物遺伝資源学．

【山崎耕宇（やまざき　こうう）】

東京大学大学院生物系研究科博士課程修了，現在東京大学名誉教授・日本農学会副会長．専門分野は作物栽培学．

R 〈学術著作権協会へ複写権委託〉

2006

シリーズ21世紀の農学
遺伝子組換え作物の研究

著者との申し合せにより検印省略



定価2000円
(本体 1905円
税 5%)

2006年4月3日 第1版発行

編集者 日本農学会

発行者 株式会社 養賢堂
代表者 及川 清

印刷者 星野精版印刷株式会社
責任者 星野恭一郎

発行所 〒113-0033 東京都文京区本郷5丁目30番15号
株式会社 養賢堂
TEL 東京(03)3814-0911 [振替00120
FAX 東京(03)3812-2615 7-25700]
URL http://www.yokendo.com/

ISBN4-8425-0382-3 C3061

PRINTED IN JAPAN 製本所 板倉製本印刷株式会社